PSYCHIC PETS

True accounts of animal paranormal powers

サイキックペット

ペットが人間に無条件の愛情を持って接する
ペットテレパシーの実話物語

マイケル・ストリーター 著
豊田成子 訳

A QUARTO BOOK

First edition for the United States, its territories and dependencies, and Canada, published in 2004 by Barron's Educational Series, Inc.

Project Editors: Fiona Robertson & Liz Pasfield
Art Editor: Anna Knight
Illustrator: Mark Duffin
Designer: Joelle Wheelwright
Assistant Art Director: Penny Cobb
Copy Editor: Jan Cutler
Proofreader: Anne Plume

Art Director: Moira Clinch
Publisher: Piers Spence

picture credits

Horsepix p11 top right, p26 top center, bottom right, p27 top right, p78 top right, p79 bottom, p108 top right, p110 bottom middle.

Arthur Rothstein/CORBIS p35 bottom right

Jane Burton (image of dog on cover).

All other photographs and illustrations are the copyright of Quarto Publishing plc. While every effort has been made to credit contributors, Quarto would like to apologize should there have been any omissions or errors.

目次

3章　命を救う

4章　生と死の境界を越えて

第5章　未来が見える

はじめに

私たちはたいていペットに関する個人的な経験を持っています。子どもの頃には、犬や猫、モルモット、ウサギ、アレチネズミ、ハムスターなどのペットを飼っていたことと思います。成長して、所帯を構えてからは、犬や猫を友として選ぶことがよくあります。また、子どもにペットを買い与えることも多いのではないでしょうか。つまり、私たちは人生の多くを動物に囲まれて過ごしているのです。実際、家族や友人と過ごすのと同じくらい多くの時間をペットと過ごしているかもしれません。

友情や愛情、よき友であるという理由から、私たちはこうした動物を正当に評価しています。しかし、本当に彼らを理解しているでしょうか？　彼らのそれ以外のすぐれた資質に気づいているでしょうか？ついつい私たち人間はペットを当然のものとして軽視してしまいがちです。彼らの人間に対する愛情は無条件で、わかりやすいものですが、このすばらしい忠誠心に隠れているすぐれた――本書に収録された物語に一貫した――資質もあるのです。

たとえば、飼い猫や飼い犬はどうして私たちが帰宅する正確な時間がわかるのでしょうか？　どうしてどんな動物でもめざす人や場所に到達する道を見つけることができるのでしょうか？　目的地がはるか彼方の場合もあるというのに。また、どうして飼い主の危機を察知し、助けるためにはどうすればいいのかがわかるのでしょうか？　何より不気味なのは、どうしてあの世からでも私たちとコンタクトを保つことができるのでしょうか？

奇妙な現象

こうした現象の原理は科学的に解明されていません。実のところ、現在主流の科学はその根底にあるそういう疑問を科学的調査に値しないものと見なしています。しかし、周囲の動物たちを改めて見直してみれば、説明がつかなくとも、そういう行動が起こることを示唆する話はたくさん見つかります。私たちは

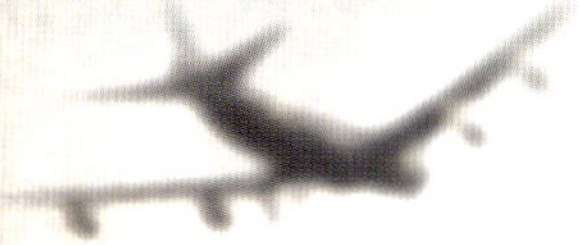

たいてい、飼い主がいつ帰宅するかを正確に予測する不思議な才能があるように思われる犬や猫や鳥を知っています。自分自身が飼っている動物である場合もあれば、知人が飼っている動物である場合もあります。ただそのパターンはよく似ています。飼い主が帰宅する少し前に、ペットが興奮したように行動しだすのです。飼い主の帰宅が遅いか早いか、あるいは帰宅時間がいつも不規則かどうかということは関係ないらしく、なぜか動物にはわかるようなのです。通常、ペットが察知能力を発揮するのは、ただ1人の人間、言いかえると、特別な、目に見えぬ絆を結んでいる人に限られます。一例を挙げると、ラスティという飼い犬は飼い主が客室乗務員で、長距離や短距離のフライトに従事して、不規則な勤務だったにもかかわらず、彼女がいつ帰宅するかをいつも察知していたという話があります。その犬は同居していた飼い主の妹に対しては、そうした察知能力の兆候をまったく見せませんでした。別の不思議な事例では、ある女性がミーティングを抜け出して帰宅しようと思い、車に乗った途端に気が変わり、また人と話をするためにミーティングに戻りました。自宅では、その女性の夫によると、彼女が最初に家に向かいかけたちょうどそのときに、飼い猫のフローラとメイアが女性の帰宅を歓迎するいつもの行動を取ったというのです。猫に車の音が聞こえたはずはありません。猫は単にそのときの飼い主の心の動きに反応しただけなのです。

ペットと飼い主とのあいだには、何らかのテレパシーが存在するということでしょうか？　ペットは人の心が読めるのでしょうか？　実際にペットは心が読めるのではないかと思える奇妙な話があります。英国人獣医師クリストファー・デイが、義母の飼っていたベティという犬の事例を報告しています。この犬は、クリストファーがいつ来るのかということだけでなく、どんな理由で来るのかということもわかっていたというのです。彼が獣医師の仕事で訪問すると、ベティは彼が家に入る前から隠れました。ところが、彼がただ知人として訪問した場合には、うれしそうな様子で、そわそわと彼の到着を待ち構えていたのです。

自分が飼っているペットのテレパシーの兆候を探すなら、家族のメンバーがもう帰ってくるというときの反応を見れば簡単にわかります。

しかしながら、こうした飼い主の帰宅を予測する能力は、決して動物の持つ唯一の特別な資質というわけではありません。飼い主に何か悪いことが起きているときも、その人がどこにいようと、動物にはそれがわかるようです。特に犬や猫が、愛する人に迫る死をどのように察知したかという話がたくさんあります。そういうときには、何が待ち受けているのかを家族に知らせようとするのか、多くの場合、吠え立てたり、クンクン鼻を鳴らしたり、ニャーニャー鳴いたりします。ある恐ろしい話では、主人が第一次世界大戦で遠い戦地にいたボブという犬が、ある日、1日の大半をベッドの下で過ごし、その後、どうしたことかぞっとするような声で吠え始めたのです。その兵士の妻はあとになって知るのですが、犬がひどく吠え出したちょうどそのときに彼女の夫は戦死したのでした。その飼い犬はどうも日中に主人の死が近いことを感じていたようです。そして死が訪れた瞬間もわかったのです。

いつまでも続く献身的愛情

葬儀に参列しておらず、墓地も自宅から遠く離れていたにもかかわらず、ペットが飼い主の死を知り、その後逃げ出して飼い主のお墓を守ったという確かな事例もあります。私たちは取り返しがつかなくなるまで気づかないかもしれませんが、そういう無私の愛がまさにペットの特徴なのです。忠犬ハチ公という日本犬の有名な話があります。ハチは、仕事から帰ってくる主人を毎日午後5時に最寄り駅まで迎えに行っていました。その男性は残念ながら仕事中に亡くなってしまいましたが、ハチは主人を静かに悼むように毎日午後5時きっかり

に駅に出向いたのです。ペットの献身的愛情についてのすばらしい物語のひとつに、グレイフライヤーズ・ボビーの話があります。このスコットランド原産の犬は、10年以上も主人の墓をひとりで守り続けたのです。それは自らの死まで続きました。

そういう献身的愛情を示す動物は、昔から言う「ペット」に限りません。奇妙な実例として、ガンの群れの話があります。あるとき、ジョン・ガンビルというテキサス人が自分の農場で手負いのガンを助けたことから、その後、彼の土地は野鳥の保護区のようになりました。1962年に彼が米国テキサス州パリの病院で亡くなったときには、ガンの群れがその建物上空に飛来し、自分たちの世話をしてくれた人に感謝を捧げるように鳴きながら、しばらくのあいだ旋回したのでした。

そういう話に共通するテーマは、動物と人間とのあいだに生まれる関係です。たまにですが、動物はそれまで決して近づこうとしなかった人間の救助に自発的にやって来ることもあります。どういうわけか、その人の窮地を察知し、何をするべきなのかわかっているのです。

野生動物

こうした献身的愛情の珍しい事例が、1974年に起こっています。フィリピンの沖合で遭難した、キャンデラリア・ヴィラヌエヴァという女性の話です。彼女の話によると、大きなウミガメが彼女の疲れた体の下で泳ぎ、通りがかりの船に救助されるまで何時間も彼女が沈まないようにしてくれたというのです。奇妙なことに、あとから思い出すと、別の小ぶりのウミガメも彼女のそばを泳ぎ、彼女が眠りそうになるたびに腕を噛んだのだとか。そのおかげで、頭が水に沈まずにすんだのです。

イルカが人を助けに来たという明確な報告もあります。1996年、英国人観光客マーティン・リチャードソンは紅海でスキューバダイビング中、サメに襲われ、重傷を負いました。そのとき彼を救ったのは、サメを追い払ってくれた3頭のイルカでした。

家に帰る動物

ペットが見せる最も驚くべき資質のひとつは、途方もない距離を超えて人のもとや場所に帰り着く能力です。飼い主と再会を果たすため、もう一度

家に帰るため、海を越え、大陸を越え、戦場さえ越えて旅した犬たちがいます。どうしてそんな芸当ができるのかは不明ですが、行ったこともない遠方の地に飼い主がいても、犬が飼い主のもとまでたどり着くことはよくあるのです。ただの方向感覚や嗅覚、その他物理的手がかりだけでは、そんな出来事を説明することはできません。そのいい例が、イギリス海峡を渡り、一度も行ったことがない国の血みどろの戦場で、兵士である自分の主人を見つけた、プリンスという犬です。

死後の交流

何よりも感動的なのは、ペットと飼い主が死後でさえ交流を持ち続ける話でしょう。こういうものに、あの世からよみがえり、深夜に襲われた飼い主だった女性を救った、ナイジェルという犬の話があります。アフリカで働いていた米国人獣医師の本当に意外な話もあります。「ドクトーラ」として知られるようになった彼は、子犬の頃に世話をした2匹の犬によって命を救われるのです。この話などは、本書で取り上げている驚くべき話のひとつにすぎません。これらの話はペットと私たちのあいだに存在する絆を明らかにするとともに、実に多くの動物たちが発揮していると思われる驚くべき超能力に光を当てています。

世界中から集められたこれらの話をお読みいただく際は、感動と驚きに備えて心の準備をしてご一読ください。また、自分が飼っているペットや子ども時代をともにした動物たちのことを考えてみてください。ひょっとしたら彼らも、本書に登場する動物たちのように、意外な超能力を持っているかもしれません。ただそれがわかればいいのですが。

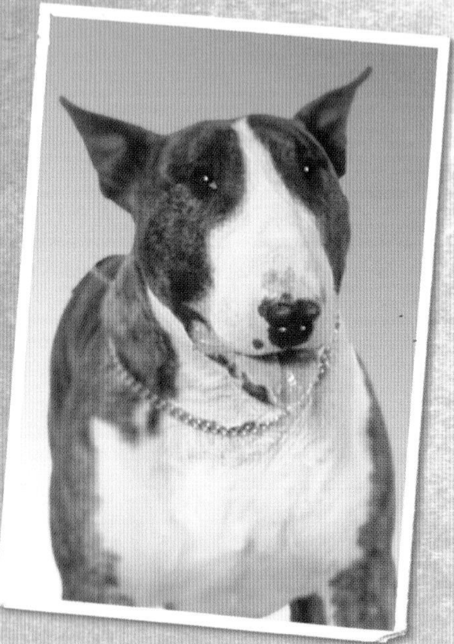

1章
家に帰る

ことわざにもあるように、「わが家に勝る場所はなし」。これはペットにも言えることでしょう。なじみのある家、あるいは愛する家族から引き離されることを拒んだ、驚くべき動物がたくさんいます。

　山を越え、海を渡り、あるいは危険な戦場を通り抜けなければならないとしても、こうした勇敢で忠実なペットたちを思いとどまらせるものは何もありません。彼らにとって、家や飼い主の魅力は彼らを引き戻す標識《ビーコン》のようなものです。

　どうしてそんなことができるのかはまだわかっていませんが、大きな困難を乗り越え、家に帰るペットのこうした物語は、心を揺さぶり、感動を呼び起こします。

シュガー 長い道のりを歩いた猫

愛する人たちと
離ればなれになっても、
このかわいい猫は
たかだか2,400kmの
アメリカ横断
1年の旅に、
自分と家族の仲を
裂かせるつもりは
なかった。

シュガーは性格のよいクリーム色のペルシャ猫で、何年ものあいだ、ウッズ家の忠実なペットでした。一家はシュガーとともに、米国カリフォルニア州アンダーソンの自宅で暮らしていました。シュガーは、なでるとわかる左の臀部のわずかな奇形を別にすれば、良好な健康状態でした。実際、左の臀部の障害はまったく苦にならない様子でした。一方、歳月が流れ、1950年代には、老いたウッズ氏は引退を決意しました。一家の引退計画は、ただ単に仕事を辞めるということではなく、自宅の引っ越しも含んでいました。ウッズ氏には米国オクラホマ州の農場で暮らすという夢があり、ゲイジに格好の土地を見つけていたのです。問題はシュガーをどうするかでした。もちろんウッズ一家は、猫も一緒に行けたらいいな、と思っていました。何と言っても、シュガーは家族の一員だったからです。ただ、ひとつ困ったことがありました。シュガーは車での移動が大嫌いだったのです。ウッズ家に来てからずっと、シュガーは車を怖がっていましたが、それでも一家は愛するペットを新居まで陸路2,400kmの旅に連れて行くつもりでした。とにかくそうしようとしたのですが。出発当日、荷物を積み込むときに、シュガーはこれから先の長旅に備えて車の中に入れられました。しかし、一家がひそかに危惧していたように、シュガーは別の考えを持っていたようで、まだ車が私道から出ないうちに車から飛び出してしまったのです。ほかにどうすることもできません。ウッズ一家は、喜んで引き取ると言ってくれた親しい隣人に、仕方なくシュガーを託しました。そうして、ウッズ一家は前途に待ち受ける新生活に胸を躍らせる一方で、そこに家族の一員の猫がいないという悲しみを覚えながら、オクラホマ州への長い旅の途につきました。

人なつこい迷い猫

14ヵ月ほどして、ウッズ夫妻が新居にもすっかりなじんだ頃、1匹の迷い猫が農場に現れました。夫妻は大喜びしました。シュガーのあと猫は飼っておらず、この迷い猫もクリーム色で、少し痩せているものの、カリフォルニア州に残してきた忠実なペットを彷彿《ほうふつ》とさせたからです。数日のうちに、その新顔の猫は家族の一員となり、すぐにウッズ夫人に体をなでさせるようになりました。夫人が気づいたのはそのときでした。左の臀部に、わずかな奇形があるではありませんか。間違いようがありませんでした。この猫はただ単にシュガーに似ているのではなく、シュガーなのです。すぐに、夫妻は確認のためにアンダーソンに住むかつての隣人に電話をかけました。隣人の話では、ウッズ一家がカリフォルニア州を発ってからわずか数週間で、シュガーは行方不明になってしまったのだそうです。また姿を見せるだろうと思っていたのに、二度と姿を見せなかったというのです。今ではみんながその理由を知っています。この小さな猫は、いくつもの山、不毛な平原、川、交通量の多い高速道路を乗り越えて進む、信じがたい旅に出たのでした。そして1年以上も旅して、2,400km近くの道のりを歩き、一度も訪れたことのない場所を見つけたのです。その理由は？　シュガーは愛する家族と一緒にいたかったのでしょう。シュガーが床に寝そべって喉を鳴らしているのを見て、ウッズ夫妻はつくづく思いました。ここにいるのは、自分と心から愛する家族の仲を裂くものはどんなものも、大陸の半分でさえも、絶対に許さない猫なのだと。

1921年生まれのボビーは、昔のスコティッシュ・シープドッグの血が4分の1混じっていた(つまり尾が短かった)とはいえ、純血種のコリーでした。ボビーが飼い主と暮らしていたのは米国オレゴン州ですが、1923年の夏、彼らは休暇で、自宅から4,800kmほど東にある町、インディアナ州ウォルコットのあたりを車で東へ向かっていました。この地で、思いがけない不幸が襲ったのです。窓から外を見ていたボビーは、その町のさまざまな種類の犬がけんかをしていることに気づきました。もともと勇ましい性格のボビーはそこに割って入ろうと、開いていた窓からいきなり飛び出してけんかに加わりました。彼にとって不運だったのは、町の誇り高き犬たちがよそ者が自分たちのけんかに首を突っ込んできたことに腹を立て、みんな一斉にその不運なコリーに向かっていったことです。一緒になって、犬の群れは逃げるボビーを町から追い出し、飼い主と安全な車から引き離してしまいました。

ボビーの飼い主は狼狽し、必死になってしばらくのあいだ車で走り回りましたが、いなくなった犬を見つけ出すことはできませんでした。ボビーの方は、事態がいっそう差し迫っていました。追手の犬の群れは、彼を追いつめて痛い目に遭わせるつもりだったのです。束になってかかってこられたら太刀打ちできないとはいえ、ボビーは力が強く、機略に富んだ犬でした。1匹ずつ追っ手を撃退していき、ついにすべての犬に追跡を断念させたのです。そこで、ボビーは別のジレンマに陥りました。いったいどうやって家に帰ればいいのだろう? その頃にはもう飼い主は、悲しみにうちひしがれていても、愛犬との再会はかなわぬものとあきらめ、メキシコ北部を旅程に入れる長い迂回ルートをたどって旅を続けているでしょうから、車を追いかけることは不可能です。

ボビー 休暇中にいなくなった犬

ボビーは主人と
離ればなれになることに
耐えられない、機略に富んだ犬。
旅行中に迷子になると、山を越え、
川を渡り、不毛な平原を越え、
4,800kmの旅をして家に帰った。

サイキックな洞察力

そうなると、ボビーがなすべきことはたったひとつだけ。そう、歩いて家に帰ることです。十分に裏付けられた報告によると、それから3ヵ月半のあいだ、ボビーは帰り道を探しながらアメリカの一部の州を歩き回ったようです。1,600kmも移動したにも関わらず、実際には320kmしか家に近づいていないというありさまでした。

そんなとき、頭の中で電球がともるように、パッとひらめいてホビーは帰り道に気づいたのです。ボビーは野良犬として狩り集められ、他の犬たちと一緒にトラックに載せられていましたが、逃げ出して、正しい方角――真西に向かって矢のように駆け出しました。その瞬間から、ボビーはたとえわが家から数千kmも離れた見知らぬ土地にいようと、道を間違えることはありませんでした。デンバーに向けて、一気に1週間でほぼ800km進んだと言われます。ボビーがたどったルートは、冬のロッキー山脈を越え、広大な身を切るような冷たい川を渡り、荒涼とした地域を通り抜けるというものでした。あるときなど、この頑固なコリーは捕まらないように河川橋から飛び降りたこともあったようです。飼い主がもう見つかりそうもない思ったときから半年後、ついにボビーは、消耗して痩せ細っていたことを除けば健康体で、オレゴン州の家に帰り着いて飼い主を驚かせました。あらゆる苦難――けんか、飢え、寒さ――に出会っても、ボビーは何よりも強く求めるもの、たまらなく魅力的な家を決して忘れなかったのです。

フランスのアヴィニョンは、いくつかの動物にまつわる珍しい話の舞台になっています。最初の話は1970年、建設作業員ジャン＝マリー・ヴェランボワがフランス北東部の自宅を離れ、アヴィニョンの近くに職を求めて行ったときのことです。ジャン＝マリーにとって悲しいことに、この旅に出ると、忠実な2歳のシープドッグ、ブラックは従兄弟に託さなければならないのでした。ところが数ヵ月後、ジャン＝マリーが働く建設現場付近に1匹の迷い犬がいるといううわさが流れました。その犬の特徴には覚えがあったものの、ジャン＝マリーはあまり期待を持たないつもりでした。しかし、その「迷い犬」を見ると、他ならぬ愛犬ブラックであることに疑問の余地はありませんでした。再会したときの犬の喜びようは、熱狂的な挨拶で飼い主を押し倒さんばかりでした。ブラックはただ大好きな飼い主と一緒にいるために、見知らぬ地域を800kmも歩いたのです。言うまでもなく、彼らは二度と離ればなれになることはありませんでした。

ベートーベン 雪に立ち向かう

ベートーベンというのは、
まれに見る
利口な犬につけるには、
何とも珍妙な名前だつた。
休暇中に飼い主一家と
はぐれた彼は、
雪にも氷にも負けず、
数ヵ月にわたる
苦難の旅の末に、
大好きな家族が待つ
家に戻つた。

白いスピッツ、ベートーベンの驚くべき話も、舞台はアヴィニョンです。1998年8月、このハンサムな5歳の犬は、フランスの伝統なバカンス・シーズンにアヴィニョンで休暇を楽しむ、フランス人一家と一緒に過ごしていました。やがて8月も終わりに近づき、一家がフランス北東部ロレーヌ地方ノメニーのドイツ国境に近い自宅に戻るときが来ました。そこでひとつだけ問題が起きました。ベートーベンの姿がどこにも見当たらないのです。

最後の散歩

元気いっぱいのベートーベンは、最後の散歩でちょっとした隙に逃げ出して、どこにも見当たらなくなったのです。心配した一家は、できる限り出発を遅らせる一方、ベートーベンが姿を現すのを待ちました。結局、それ以上待てなくなり——仕事や大学があるので——飼い主一家はアヴィニョンを発ちました。暑かった夏は、フランスでは近年まれな寒い冬へと季節が変わりました。川や湖は凍り、雪が降りました。ベートーベンの飼い主一家は、こんな厳しい冬では生き延びるチャンスはあるまいと、愛犬の喪失を嘆き続けました。しかし、彼らは愛犬の不屈の精神を考えに入れていませんでした。いろいろな話からすると、どうやらベートーベンは迷子になってすぐ、不慣れな環境で方向がわからなくなったようです。そこで、きっと見つけることができると思った唯一の場所、800km離れたフランス北東部にあるわが家に向かったのでしょう。来る日も来る日も、ベートーベンは歩きました。初めは熱気の中を、それから雨の中を、そののちには雪の中を。そしてついに、翌年3月のある日、地中海沿岸からはるばるドイツ国境まで歩いて、ベートーベンはわが家に帰り着いたのです。家に着いたときには、飢えて、痩せこけていました。しかし、大喜びの飼い主一家の言葉を借りるなら、ベートーベンは何ヵ月も探し求めていた場所にいるだけで、“生きている喜び”に満ちあふれていました。

Paris
Reims
Meaux
Épernay
Châlons-sur-Marne
Verdun-sur-Meuse
Metz
Nancy
Bar-le-Duc
St-Dizier
Troyes
Chaumont
Neufchâteau
Sens
Auxerre
Langres
Vesoul
Montbéliard
Besançon
Dijon
Gray
Avallon
Nevers
Autun
Beaune
Dôle
Neuchâtel
Moulins
le Creusot
Chalon-sur-Saône
Mâcon
Bourg-en-Bresse
Genève
(Geneva)
Vichy
Roanne
Lyon
Villeurbanne
Annecy
Chamonix
Mont Blanc
4807
Thiers
Clermont-Ferrand
Vénissieux
Aix-les-Bains
Chambéry
Albertville
St-Chamond
St-Étienne
Vienne
Issoire
le Puy
Grenoble
Valence
Privas
Aubenas
Montélimar
Briançon
Gap
Embrun
Barcelonnette
Mende
Marvejols
Millau
Rodez
Alès
Orange
Nyons
Carpentras
Avignon
Arles
Digne
Castellane
Istres
Salon-de-Provence
Aix-en-Provence
Draguignan
Marseille
Aubagne
la Ciotat
Toulon
la Seyne-sur-Mer
Îles d'Hyères
le Mans
Vendôme
Sologne
Février
Mars
Avril
Juin
Août
Septembre
Octobre
Novembre
décembre

ホウィー
オーストラリアを横断して家に帰った猫

3歳のペルシャ猫ホウィーは、優雅な生活を楽しんでいました。食事は最高、家は快適、そしてあれこれ配慮してもらえるのですから。飼い主である、オーストラリア・アデレード出身の15歳、キルスティン・ヒックスはこの猫を溺愛し、ホウィーは明らかに女主人をとても気に入っていました。学校は別とすれば、彼らはほとんど離れがたい関係でした。しかし1977年、ヒックス一家は長期の海外旅行に行くことになりました。キルスティンは旅行は楽しみでも、自分と家族の留守中、ホウィーをどうするべきか気に病んでいました。確かに旅行に連れて行くわけにはいきませんが、大事なペットの世話を家族以外の人に任せることはできません。ついに、キルスティンはある解決策を思いつきました。祖父母に預ければ、自分と同じくらいホウィーをかわいがってくれるのでは？　祖父母は1,600km以上離れたクイーンズランド州ゴールドコーストに住んでいましたが、キルスティンが解決策はこれしかないと譲らなかったので、そういう段取りになりました。キルスティンはホウィーに涙で別れを告げ、祖父母は猫はきっと大丈夫だと請け合いました。

1ヵ月後、キルスティンと家族は海外旅行を終えてオーストラリアに帰国するとその足で、クイーンズランド州にホウィーを迎え

ペルシャ猫のホウィーは
どう見てもヒーローには
見えないが、
ヘビだらけの危険に
満ちた土地を何百kmも
横断するほどタフだった。

に行きました。
しかし、キルスティンの祖父母は孫娘に悪い知らせを伝えなければなりませんでした。旅行を台無しにしたくなかったので旅行中には知らせませんでしたが、ホウィーが行方不明になったのです。祖父母は、猫を見つけるために手を尽くしたものの、見つからなかったことを伝えました。ホウィーは忽然と姿を消してしまったのです。当然のことながら、キルスティンはその知らせにショックを受けました。祖父母もホウィーを大事に思っていてくれることはわかっていたので、彼らを責めませんでしたが、打ちひしがれてアデレードの自宅に帰りました。両親はホウィーの代わりの猫を飼う提案をして慰めようとしましたが、キルスティンは受け入れませんでした。彼女には、あのかわいかったペルシャ猫の代わりになれる猫などいなかったのです。

たったひとりで

キルスティンはホウィーのことしか考えられませんでした。快適さを享受していたのに、見知らぬ土地でひとり途方に暮れるホウィー。きっとホウィーは自力であまり長く生き延びることはできないだろうと、彼女は思っていました。

月日が流れ、ホウィーの失踪からやがて1年が経とうとしていました。ある日、キルスティンが学校に行っているとき、汚らしい、ガリガリに痩せた猫が自宅に姿を現しました。ヒックス夫人はすぐ、ガツガツに飢え、血を流し、痛々しいほど痩せこけた猫に同情を示しました。猫はヒックス夫人が与えたツナを喜んでガツガツ食べました。そのとき、ふとある考えが夫人の頭に浮かびました。キルスティンはかわいそうなホウィーの代わりに、このお腹をすかせた猫の世話をしたがるかも。そこで、夫人は猫を家の中に入れて待っていると、キルスティンが帰宅しました。十代の娘はその痩せて汚れた猫を一目見るなり、興奮して叫びました。「ホウィー!」ヒックス夫人は驚きましたが、改めて猫をよく見ると、汚れの下は間違いなくペルシャ猫の毛並みです。そしてキルスティンに対する反応からも、その正体は明らかでした。ホウィーが家にたどり着いたのです。ともかくも、太っちょで、甘やかされていたこの猫は、山を越え、不毛な平原を越え、川を渡り、犬からヘビ、サソリ、その他野生動物まであらゆる危険に立ち向かい、クイーンズランド州から1,600km以上も旅をしたのでした。かくして、苦難は経験しましたが、ホウィーはまたアデレードのわが家の快適さを享受することができたのです。

列車で旅をするのは、往々にして複雑でわかりにくいものです。特に不案内な国では、混雑する大きな駅に行くと戸惑ってしまいます。乗るべき正しい列車を見つけるのは必ずしも容易ではなく、動物がそういうことをするのは絶対に不可能でしょう。ただし、どんな場合にも例外はあるものです。この場合の例外は、ピーターというブル・テリアです。この驚くべき犬は一国の鉄道網の仕組みを理解していただけでなく、この知識を利用して、行方不明になったと思い込んだ飼い主を探し出したのです。

　この物語は、1901年のある日、エジプトで始まりました。英国政府植民地局の役人だったジョブソン氏は、その当時、上エジプトと呼ばれた、ナイル川をさかのぼった奥地にしばらくのあいだ駐在していました。そのため出張で北のカイロに

ピーターの列車の旅

恐れ知らずのブル・テリア、ピーターは
飼い主が出張に出かけたとき、
どうしたらいいのかをちゃんと知っていた——
列車に飛び乗り、飼い主を追いかければいいのだ。

行くのに、列車に乗るのが習慣になっていました。それは15時間もかかることがある旅です。ジョブソン氏は、普段はこの出張旅行に忠実なブル・テリア、ピーターを伴っていました。彼らが乗るのは一等車で、ジョブソン氏がクロスワード・パズルを解いたり、事務書類を読んだりしているあいだ、ピーターは窓を流れる田舎の景色を眺めもせず、主人の足もとでおとなしく座っていたものでした。こうした旅行は、彼らの生活における定期的な恒例行事でした。しかし最近、ジョブソン氏はアレクサンドリア近郊のダマンハール(上エジプトから見るとカイロの向こう側)に配置転換になったのです。今度もまた、ジョブソン氏は仕事で南のカイロに行くのに列車を利用していました。今度はわずか3時間の旅です。

頑固なペット

ある日、ジョブソン氏は、至急カイロに来られたし、という緊急連絡を受けました。首都までいつものように愛犬を連れて行くべきかどうか迷いましたが、緊急の会議であり、予定外の出張でもあることから、今回はピーターを置いていくのがよかろうという結論に達しました。そういうわけで、ジョブソン氏は近くに住む友人にピーターを預け、カイロ行きの列車に乗るために急いで出かけました。

ピーターは、犬としてもペットとしても多くの美点を備えていたものの、忍耐と受容は持ち合わせていませんでした。置いてきぼりにされたことが明らかに不満で、飼い主がなぜ、どこへ自分抜きで出かけるのか理解できません。犬なりに考えた結果、なすべきことはひとつだけそれは、うっかり自分を置き忘れていった、主人のあとを追わなければならないというものでした。そこで、このブル・テリアは閉じ込められていた当座の家から逃げ出し、言うまでもなく捜索を始めるべき場所、ダマンハールの鉄道駅に駆けつけました。ここで、正しいホームを見つけると、首都行きの急行列車に乗りました。ごった返すカイロ駅に到着した時点で、ピーターは次の行動を考えました。きっと飼い

主は上エジプトの昔の家に戻った？　そうにちがいないと、このブル・テリアは正しいホームまで歩いていき、3時間は来ない、上エジプト行きの列車を待ちました。そして乗車するやいなや、ピーターは一等客室で所定の位置につき、その先15時間におよぶ旅に備えて腰を落ち着けました。

その旅の途中に邪魔は入りませんでした。恐ろしげな顔つきのブル・テリアは、あまり構いたくなるような犬ではないからです。とにかく、乗客にも検札係にも、ピーターは自分の行き先を理解しているように見えたのでした。上エジプトに到着するとすぐに、ピーターはかつての家に向かいました。驚いたことに、ジョブソン氏の姿はどこにも見当たらず、過去にジョブソン氏と一緒に働いていた職員が何人かいるだけでした。落胆したものの、そんなことであきらめるピーターではなく、今度は別のことを思いつきました。結局、ご主人はカイロにいたのだ。そうにちがいないと、ピーターはそれ以上待つことなく、小走りで駅に戻り、正しいホームに行って、首都に戻る次の列車に乗りました。15時間後、ピーターは列車から飛び降りると、カイロにいる主人の友人たちを探し始めました。ジョブソン氏がそのうちの誰かを訪問していることを期待してのことです。

ピーターはちゃんと一等車に乗り、
明らかに自分の行き先を理解していた。

報われた粘り強さ

1軒ずつ友人宅を回ったものの、やはりジョブソン氏の姿は見当たりませんでした。ただ、ある友人が見覚えのある犬だと気づき、ジョブソン氏に忠告の連絡をするあいだ、ピーターを部屋に閉じ込めておこうとしました。しかし、ピーターはこれを断固拒否。うまく逃げ出して、再びカイロの鉄道駅に向かいました。このブル・テリアには、何もかもがはっきりしてきました。ご主人はダマンハールの家に戻ったにちがいない。そこで、ピーターは正しいホームを見つけ、少し待ったのちに、新しい家の方角、北へ向かう次の急行に乗り込みました。ダマンハールに到着すると、一等車の乗客がドアを開けるまで辛抱強く待ち、いくらか威厳を持ってプラットホームに飛び降りました。言うまでもないことですが、これで42時間ほど前に出発した地点に戻ったわけです。今度こそ、彼の粘り強さが報われました。ダマンハールに戻ったピーターは、彼の帰りをじっと待つ主人のジョブソン氏を見つけたのです。カイロでピーターを見た友人の1人が犬の所在を知らせる連絡をしていたので、ジョブソン氏はピーターがすました顔で列車で帰還したのを見てもさほど驚きませんでした。この旅の全行程は2日近くかかっただけでなく、4路線の列車の旅と3つの異なる駅も含んでいました。ともかくも、ピーターは列車でエジプトの国土の半分を縦断するルートを何とか見つけ、その結果、無事に帰宅することができたのです。ピーターを非常に特別な犬たらしめたものは、彼の創意工夫と才能です。しかし、実際にピーターを傑出した犬にしたのは、彼の主人に対する信じられないほどの忠誠心です。つまり、世界中の誰よりも大切な人と再会するためなら、距離など何の障害にもならなかったということです。

プリンス 戦場を物ともせずに

アイルランド出身のジミー・ブラウンは、1914年に第一次世界大戦が勃発すると、英国軍に入隊しました。そして、フランス戦線から休暇で戻ったときに会いやすくなるだろうと、妻コリーンと愛犬プリンスをロンドン西部ハマースミスに転居させることにしました。ジミーの所属連隊は前哨戦に参戦する第一陣に入っていたので、当然ながら、コリーンも、主人を熱愛するプリンスも、戦地に赴いたジミーの不在をさみしく思っていました。とはいえ、しばらくすると、ジミーは短い休暇を与えられ、ありがたいことにロンドンで過ごすことができました。しかし、あっという間にジミーが前線に戻るべきときが来て、プリンスは主人の出発に今度は特に動揺したようでした。実際、普段は食欲旺盛なこの犬が、3日間、何も食べようとしなかったほどです。プリンスは大儀そうで、すっかり気落ちしたように、ただうろうろしていました。でもそれ以上悪くなることはないだろうと、コリーンが思いかけた矢先、プリンスが消えたのです。

どのようにしたのかは
プリンスにしか
わからないが、
ともかくもプリンスは
異国の地や海を横断して
主人との再会を果たした。

　愛犬の失踪は、コリーンにとって憂慮すべきことでした。ジミーが戦場でどれほどひどい苦難に耐えているかということも、そして愛犬との友情や交流に思いをはせることで何とかがんばっているということも、コリーンは知っていました。ところが、その忠実な友であり伴侶である愛犬がいなくなってしまったのです。10日間、コリーンはいたるところを探し回りました。でも、プリンスはどこにも

見当たりません。結局、来るべき時が来たとコリーンは観念しました。すでにつらい思いをしているジミーをさらに苦しめることになろうと、知らせないわけにはいかないのです。そんなわけで、沈む心でコリーンはフランスにいるジミーに手紙を書き、あちこち探したけれど、彼の愛犬プリンスは行方不明になっているという事情を説明しました。プリンスのこの間の様子や食欲不振が飼い主に対する献身的愛情の証しだという事実に、ジミーが少しは慰められればとの期待を込めて。

信じがたい旅

アルマンティエールの塹壕でコリーンからの悲しい便りを受け取ったとき、ジミーは苦笑せずにはいられませんでした。というのも、その足もとで、妻からの手紙を読んでいる彼を見上げているのは、ほかならぬプリンスだったからです。ともかくも、その方法は想像するしかありませんが、この小さな犬はこれまでに動物が試みてきた信じがたい旅の中でもとりわけ信じがたい旅をしてきたのでした。

プリンスはまずロンドン西部の新居を出発し、112kmほど歩いてイギリス海峡まで行ったにちがいありません。そして、このコリーとテリアの混血犬がイギリス海峡を泳いで渡るのはほぼ不可能であることから、きっと戦地に物資や軍隊を送る船に潜り込んだのでしょう。しかし、フランスに着いても、プリンスの苦難はまだまだ続きます。フランスの沿岸部はジミーが戦っていた地点から96kmほど離れており、そこにいたる道のりの大部分は戦争で荒廃した危険な田園地帯を通過するのです。戦闘は叫び声に満ち、銃弾が飛び交い、砲弾が炸裂します――致死性ガスが充満する場所もあります。にもかかわらず、プリンスは血と泥にまみれた田園地帯を何とか突破し、前線にいる英国兵50万人の中からジミーを見つけ出したのでした。泥まみれの小さな犬が塹壕に現れたのを見てジミーがわが目を疑ったのも、ジミーからの知らせを受けてコリーンが息が止まるほど驚いたのも、無理はありません。しかし、その証拠はジミーの目の前にありました。その忠犬は戦争の恐怖を物ともせず、いなくなった主人を見つけ出したのです。

ボーダー・コリーは、羊を追うよう農家の人から訓練されることが多い、本当に知能の高い利口な犬で、ウェールズの田舎町に行くと丘や谷間で働いている姿がよく見られます。ウェールズのポースマドッグ近郊の農場に暮らす、ペロという白黒のボーダー・コリーもこうした訓練された牧羊犬でした。もう10歳になるペロはちょっとした家族の人気者であるだけでなく、ベテランの牧羊犬でもあり、ピュー一家は当然のことながらペロをたいへん誇りに思っていました。高齢とはいえ、ペロは冒険心や探究心を少しも失っていませんでした。ただ、不幸にして、それが災いすることもないわけではありませんでした。

ペロ
見覚えのある顔を見つける

1985年にはこんなことがありました。農場の普段と変わらぬある日の終わりのことでした。グウェン・ピューと彼女の息子テュダーがふと気がつくと、見慣れたペロの姿がどこにも見えません。ピュー夫人は犬が行きそうな場所について考え、ある可能性に気づきました。その日の午後、1台のトラックが農場に子牛たちを届けにきて、ペロはそのとき近くにいたのです。ピュー夫人と息子はそれ以降ペロの姿を見ていないことにすぐ気づきました。好奇心の塊のような牧羊犬はトラックの中を嗅ぎ回っていて、結局閉じ込められ、そのまま運ばれて行ったにちがいありません。すぐに電話で問い合わせたところ、確かにペロはその運送会社の本社にいるということがわかりました。唯一の問題は、それが160kmほど離れた、南ウェールズのカーマーゼン近郊にあることでした。その運送会社のドライバーは親切にも、翌日に中間地点の市場で落ち合って、ペロを引き渡そうと申し出てくれました。ところがピュー夫人が引き取りに行く前に、運送会社の社長から悪い知らせの電話がかかってきました。またペロが行方不明になったのです。ただし今度はどこへ行ったのか誰にもわかりません。

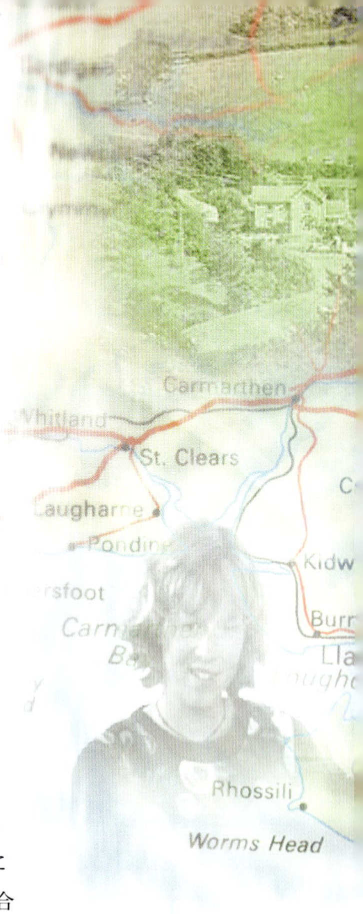

冒険のせいで途方に暮れることになっても、ペロはうろたえなかった。その老牧羊犬は老練な技能を使って見覚えのある顔を見つけた。

干し草の山の中の針

何としてもかわいがっている牧羊犬を見つけようと、ピュー一家はペロが最後に目撃された地域の地元

警察に連絡し、また、万一誰かが引き渡した場合に備えて、王立動物虐待防止協会にも連絡しました。さらには、地元のラジオ通じて一般の人々に向けてメッセージも放送しました。しかし、何の役にも立ちませんでした。ペロは自宅から160km以上も離れた不案内な土地で消息を絶ったのです。テュダーの言葉を借りるなら、それは干し草の山の中の針を探すようなものでした。1週間が過ぎ、ピュー一家は、あのいたずら好きな老牧羊犬にはもう二度と会えないという事実と、折り合いをつけようとしていました。

そんなときのことでした。ピュー夫人の娘、サイアン・エヴァンズは、バリー・ポートにある夫の実家に滞在していました。そこはペロが失踪したカーマーゼンから南へ24kmほど行ったところで、ポースマドッグとは反対方向です。ある晩、サイアンは見覚えのある犬が近くを歩いているのに気がつきました。何と驚いたことに、それは実家の農場で飼っていた白黒の老牧羊犬、ペロでした。そのよれよれの老犬はあらん限りの機転、本能、能力を駆使して、ともかくも一度も訪れたことがない地域の見知らぬ町にある見知らぬ家への道を見つけて、自分の知っている人のもとに無事たどり着いたのです。

いったいどうやってペロがサイアンを見つけたのかは今もって謎ですが、グウェン・ピューと息子のテュダーにとってそれはどうでもいいことでした。愛する牧羊犬が大きな困難を乗り越え、無事に帰宅したことが重要だったのです。

スパニエル犬のジョーカーにとって、主人が太平洋を横断して戦地に向かったことは、笑い事ではなかった。そこで、この利口な犬は文字通り船に飛び乗ってあとを追いかけ、ついに驚く主人と再会を果たした。

ジョーカー 太平洋を横断する

ペットの名前がその動物の特徴にぴったり合っているように見えるときもありますが、ほとんどその実体を知る手がかりにならない場合もあります。ジョーカーという名前のコッカー・スパニエルの場合がそうでした。確かに冗談好きな犬だったとはいえ、ジョーカーという名前は、この小さな犬が主人と一緒にいるために見せた機転や勇気を表しているとはとても言えません。

物語の始まりは、第二次世界大戦中、ジョーカーの飼い主のスタンレー・C・レイが陸軍大尉だった頃のことです。ある日、米国カリフォルニア州ピッツバーグ在住のレイ大尉は、任務で南太平洋の某所に向かうべしとの命令を受けました。いったいどこに向かうのかは、家族の誰も、大尉本人さえ知りませんでした。当然のことながら、友人や身内は彼の目前に迫った出発と身の安全を気遣いました。そしてまた、彼の冗談好きな伴侶、ジョーカーも動揺しました。実際、スタンレーが極秘任務で発って2週間というもの、このスパニエルはほとんど何も食べず、たいていひどく浮かない顔をしていました。そんなある日、ジョーカーが自宅から姿を消したのです。家を出た直後の正確な足取りはわかりません。ただ、数日後にレイ家から48kmほど離れた、軍艦の出港地であるオークランドで、その姿が2人の衛生兵によって目撃されています。ジョーカーは捕まることなく、驚くべき行動を取りました。数ある南太平洋行き輸送艦船のうち1隻に飛び乗ったのです。

喜びあふれる再会

このスパニエルはそれまでに一度も船に乗ったことがありませんでした。それにもかかわらず、広大な太平洋へと出航する船に乗り込んだのです。へたをすると、ジョーカーの話はそこで終わっていたかもしれません。というのも、密航犬は戦争という非常時には足手まといになると見なされたからです。ある陸軍少佐がかわいいスパニエルを哀れみ、自分が面倒を見ると約束しなければ、その船の艦長はジョーカーを処分していたでしょう。かくして船は大洋に乗り出し、物資の補給や軍隊の上陸のためにあちこちの島に寄港しました。それぞれの島で、ジョーカーはいつも最初だけ新しい環境に興味を示し、あとは船でおとなしくしていました――ジョーカーの乗った船がある島に着くまではという話ですが。ある島に着くと、このスパニエルは突如としてまったく違う反応を示しました。ジョーカーは耳をそばだてるとそのまま、クンクンとあたりのにおい嗅ぎながら、乗降通路とつながる陸地に向かって駆け出しました。ジョーカーの命の恩人である少佐がそのあとを追って下船すると、何とジョーカーは困惑顔の陸軍大尉の足もとでうれしそうに飛び跳ねていたのです。少佐の驚く顔に気づいて、大尉はすぐに名を名乗りました。自分はスタンレー・C・レイ大尉で、ジョーカーの飼い主であると。最初は2人とも何が起こったのか今ひとつよくわかりませんでした。ともかくジョーカーは、オークランドでどさくさに紛れて、愛する主人と再会できる島に向かう正しい船にうまく乗り込んだということです。

スタビーの 1,600kmの旅

多くの人には、スタビーは際立って特別な動物には見えなかったかもしれません。太くて短い脚、平凡なくすんだ茶色の毛をした、大きさも平均的なスタビーは、どこにでもいそうな雑種犬そのものです。しかしデラ・ショーには、スタビーは確かに非常に特別な存在でした。米国コロラド州コロラド・スプリングス出身のデラは、生まれつき障害があり、言葉も不自由でした。そんな彼女にとって、スタビーは愛情深い友であり、楽しい伴侶であり、つねに人生の喜びの源でした。そして何より、スタビーは頼りがいがあって、元気づけてほしいときにはいつもそばにいてくれたのです。そんなわけで、1948年に起きたスタビーの失踪は、デラにはいっそうつらいものとなりました。

スタビーは、若い女性飼い主デラが彼の愛情や友情に頼っていることを知っていたので、アメリカの真ん中で迷子になっても、家に帰り着かなければならないと思っていた。

事件が起きたのは、デラとその祖母マッキンジー夫人が、1,600km以上離れたインディアナポリスの親戚のもとに長期滞在に出かけたときのことでした。トラックで家を発ってまもなく、スタビーの姿が消えたのです。トラックから転がり落ちたのだろうと思われましたが、どうしてそうなったのかはわかりません。マッキンジー夫人は、その現場はイリノイ州とインディアナ州の州境のあたりのような気がしましたが、どの地点かははっきりしませんでした。原因や場所がどうであれ、デラは親友であり伴侶であるスタビーを失って動揺しました。まるで自分の一部がむしり取られた

ような感じでした。

デラの祖父ハリー・マッキンジーとその妻は、愛する孫娘にとってスタビーがどれほど大切であるかを知っていたので、その小さな犬を見つけ出すために手を尽くしました。トラックがたどったルート沿いの地方紙に広告を出したり、家族や友人に捜索の協力を求めたりしたのです。しかし残念ながら、そんな努力もスタビーを見つける役には立ちませんでした。

消えてゆく希望

数日が数週間に、そして数ヵ月になると、スタビーとの再会の可能性がどんどんしぼんでいくことがわかりました。スタビーが失踪して1周年を迎え、それを過ぎても、何の知らせもありませんでした。デラは大親友を決して忘れなかったものの、もはや自分の人生の一部ではないという現実を徐々に受け入れるようになりました。その上、最近になって祖父母ともども引越したので、多くのことが彼女の頭を占めていました。

1950年のある春の日、マッキンジー氏は長い散歩に出かけて、たまたま以前の家のそばを通りました。ハリー・マッキンジーという人は人生経験が豊富で、世慣れていたので、たいていのことには動じませんでしたが、そこで目にしたものにはさすがの彼も驚きました。かつての自宅脇の歩道に、よれよれで血まみれとはいえ間違いようのない姿——スタビーが座っていたのです。

その犬は、何かを、あるいは誰かを待っているように静かに座っていました。マッキンジー氏のことはほとんどわからなかったようですが、新しい家に連れ帰られ、デラを見ると、ただただはしゃいで吠え立てました。デラはどうかと言うと、ついに願いがかなったことがうれしくて、傷だらけで腹を空かした小さな犬を抱きしめて安堵の涙を流しました。最初から家族がうすうす感じていたように、この犬は普通の犬ではなかったのです。デラと結んだスタビーの愛と友情の特別な絆は、単なる距離では断ち切ることはできませんでした。ほぼ18ヵ月を要する行程1,600kmの旅だったにもかかわらず、スタビーは愛する人のもとに戻ると決意していたのです。そして、デラは言葉を発することはできませんでしたが、喜びに輝く彼女の顔が、スタビーの忠誠心と愛情が彼女にとっていかに大切であるかを物語っていました。

有名なオーストラリアン・ケルピーは、オーストラリアの増加する羊の数と同国のしばしば厳しい高温の気候に対応できるように、19世紀に開発された犬種です。タフで、よく働く上に、抜け目がないことでも知られています。これは、この犬種がオーストラリアの野生犬ディンゴと交雑されたらしいと信じられているからかもしれません。その真偽のほどはともかくとして、ケルピーは確かに機転の利く動物です。そのことは、1920年代にウエスタン・オーストラリア州で暮らしていたスイープという犬が証明しています。

　スイープは、農場で働く典型的な黒と褐色のケルピーでした。羊を追う仕事に加え、いつも主人のお供として、農場周辺や地元の訪問先について行きました。この農場経営者は、日頃からよく地元の町に出かけていました。しかし、その町は川向こうにあり、渡し船で行かなければなりません。運賃は1ペニーで、これは人にも、人が連れているどんな動物にもかかりました。そういうわけで、渡し船を利用

スイープの運賃を払う巧妙な方法

スイープは渡し船の
運賃が払えず飼い主と
離ればなれになったときに、
どうしたらよいのかを
知っていた。
自分のために切符を
買ってくれる人を探すのだ。

するたびに1ペニー払って、スイープとその主人は川を渡っていたのでした。

ある日、その集落に行ったとき、スイープは主人とはぐれてしまいました。犬が町で飼い主を必死で探しているあいだに、飼い主の農場経営者はいつものように家に帰ってしまいました。結局、飼い主がもうそのへんにいないことがわかったので、スイープは農場に向かおうと心を決めました。そして、いつものように渡し船のところへ行きました。しかし、ひとつ問題がありました。スイープは渡し船に乗るお金を持っていなかったのです。ケルピー犬はその小さな渡し船に3度乗り込もうと試み、そのたびに渡し守に行く手を阻まれました。

お金がなければ、乗れない

人であろうと犬であろうと、ルールは単純、お金がなければ渡し船には乗れないのです。絶望的な状況と思われましたが、スイープはくじけませんでした。物知り顔で、この黒と褐色の動物は小走りで町に戻りました。そこで、この経験豊富な牧羊犬は主人の友人の1人を「追い集め」ました。一緒に来なければならないということをはっきりとわからせたのです。そんなわけで、その人はスイープのあとについて、とうとう船着き場まで来ました。その友人も運賃を徴収する渡し守も困惑していましたが、スイープは2人のあいだをすばやく動くことで、とうとう次にどうしなければならないのかということをわからせたのです。2人ははたと気づきました。どうもその友人がスイープの運賃を渡し守に手渡すように「促されている」らしいと。2人は顔を見合わせて笑い出しましたが、そうとしか考えられません。スイープのしつこさに、その友人には選択の余地がありませんでした。1ペニーの運賃をきちんと払ってもらい、スイープはさっさと渡し船に乗り込みました。まもなくスイープは農場に帰宅し、主人と再会しました。この犬の驚くべき行動は何ヵ月ものあいだ町の語り草になりましたが、スイープにとってはごく単純な問題でした。何物も、渡し船の運賃でさえ、彼とその主人の仲を裂くことはできないのです。

ヘクター 目的地に着く

1922年のある春の朝、バンクーバーの港に並ぶ5隻の船を念入りに調べているその白黒のテリアは、自分の行動を理解しているように見えました。そのテリア——名前はヘクターという——は、それぞれの船に順番に乗り込んで、ちょっとのあいだにおいを嗅ぎ回ってから、陸に駆け戻るのです。5隻のうちの1隻、蒸気船ハンリー号で、ハロルド・キルダル二等航海士がその奇妙な動きをする犬に目を留めました。キルダルは犬の不可解な行動に興味をそそられ、何だろうかと怪訝に思いましたが、日本に向かうハンリー号の出港準備に追われ、すぐに他事に気を取られてしまいました。

翌日、船が出航して太平洋横断の長い航海に入ると、もうキルダルはそんなことをすっかり忘れていました。ところが驚いたことに、デッキを平然と散歩する見覚えのある姿が目に飛び込んできたのです。それは、前日、バンクーバーで見かけた白黒のテリアでした。キルダルは驚き、それから首をひねりました。そのテリアがバンクーバーで停泊中の5隻の船全部を「調べて」いるのを目にしていたからです——なぜこの船を選んだのだろう？　それにこの密航犬

主人が海の向こうに
行ってしまったことに
気づいたが、
テリアのヘクターは慌てず、
冷静に同じ方向に行く
次の船を見つけた。

はどうなるのだろう?　幸いにして、その船の船長はキルダル二等航海士と同様に犬好きで、ヘクターを船に置くことを認めてくれました。まもなくヘクターは航海に慣れ、おなじみの、そして価値ある乗組員メンバーと見なされるまでになりました。たいてい夜は、特になついていたキルダル二等航海士とともに、忠実に当直をしていたものでした。

旅の終わり

最終的に、ハンリー号は太平洋を横断する長い輸送航海を終えて、日本の横浜港に投錨しました。ヘクターの行動が変わり始めたのは、そのときでした。航海中はまるで世の中に心配事などないかのように悠然と構えていましたが、ここにきて不安げで落ち着きがなくなり、デッキをうろうろするようになってしまったのです。ヘクターの関心の対象は、どうやら近くに停泊中の他船のようでした。そのドイツ船籍の蒸気船シマロア号も材木を運搬していましたが、ハンリー号より数日早く日本に到着したのは明らかでした。キルダルが——犬の明らかな動揺に困惑しつつ——眺めていると、1隻の小型船がシマロア号を離れ、港の荷揚げエリアに向かい始めました。

その小型船がハンリー号に近づくにつれて、ヘクターはいつになく飛び跳ねたり吠えたりして、だんだん興奮状態になりました。そして興奮のあまり海に飛び込みそうになったちょうどそのとき、小型船に乗っていた1人の男が両腕を振り回して、その犬の名前を叫んだのです。キルダルが驚いたことに、小型船の見知らぬ人物はその犬を知っていました——彼のペットのテリアだったのです。数分後には、ウィリアム・マンテは愛犬と再会するために急遽ハンリー号に乗船していました。そして、キルダルに事情を説明しました。マンテの話から、ヘクターの行動の驚くべき真相がわかってきました。

ヘクターが陸にいるうちにシマロア号がバンクーバーから出港し、マンテは彼のペットと離ればなれになってしまったのです。しかし、ヘクターはこの痛手にくじけず、冷静に港に停泊中の船をそれぞれ調べて、主人と再会できると考えた船を見つけたようです。ともかくもヘクターは正しい船を選んだわけです。主人と犬は二度と離ればなれになることはありませんでしたが、ヘクターがいかにして正しい船を選ぶにいたったかという謎はいまだに解けていません。

2章

目に見えない絆

私たちは人生の大部分をペットのそばで過ごしますが、彼らと結んでいる密かな絆を必ずしも自覚していないかもしれません。

多くの場合、動物は人間よりもはるかに多くのことに気づきます。つまり、人間の動きを予想したり、人間がいつ家に帰ってくるかを察知したり、また人間に悲劇が降りかかったときを感じることさえできるのです。

私たちは動物との友情を当然のこととして軽く考えるべきではありません。ペットは想像以上に私たちの愛情を大切に思ってくれているからです。

生前、チャビーは主人の
ジム・ウィックスにとって
忠実なよき友だったので、
ジムが世を去ると、
自らのこの世における
時間も終わったと、
深い悲しみの中でしだいに
痩せ衰えていった。

チャビー 傷心のあまり死んだ犬

ウィックス一家にとって、チャビーは単なるペット以上の存在でした。その黒と茶と白が混じった毛色の犬は間違いなく家族の一員であり、何事かあるときには苦楽をともにしていました。

チャビーは、ウエスタン・オーストラリア州パース南部アーマデイルの町で、ジムとメアリーのウィックス夫妻とともに暮らしていました。チャビーはケルピー（牧羊犬種）の血が混じっており、やさしく親しみやすい外見をしていました。夫妻のどちらにもなついていましたが、特別な絆で結ばれていたのは夫のジムの方でした。そんなわけで1991年に大惨事が一家を襲ったとき、この性格のよい犬がジム・ウィクスにとって大切な友となったのは意外なことではありませんでした。大惨事というのは、火災で自宅が全焼し、ジムが大やけどを負ったのです。それに続く何ヵ月もの療養期間中、チャビーはまるでさらなる危害からジムを守るかのようにジムのそばを離れませんでした。自宅が再建され、自分もベランダに出て座れるようになると、ジムはボールを投げてはチャビーに取ってこさせ、そうやって彼らは何時間も一緒に過ごしました。チャビー自身もう若くはありませんでしたが、回復が遅く、つらい時期にあるジムを助け、リラックスさせているように見えました。夫妻が眠ると、チャビーは番犬というまた別の重要な役割を果たしました。ケルピーの血が混じっているせいか、チャビーは家の外では用心深く、獰猛で、心強い存在でした。月日が流れ、ジムはやけどからは回復しましたが、1993年5月には再び健康を損なっていました。

犬の直感

ジムの健康状態を、医師たちは懸念していました。ひどい頭痛をしばらく患ってから、病状が悪化したのです。ただし、病状を懸念したのは医師たちだけではありませんでした。1993年5月のある晩、チャビーが裏口で吠えるのが聞こえました。ジムがドアを開けると、チャビーは家の中に駆け込んで、寝室に直行し、ジムが寝ている側のベッドサイドに座りました。この行動が普通でないことは、ジムにもメアリーにもわかりました。というのも、チャビーは家に入ることを許されない完全な外飼いの犬で、チャビー自身もこれまで家に入りたいというそぶりを見せたことはなかったからです。それなのに、このときばかりはジムのベッドサイドに陣取って動こうとしませんでした。

翌日になっても、まだチャビーは家の外に出ようとせず、ジムのそばを離れませんでした。ジムにもメアリーにもチャビーの行動は不可解でしたが、主人のそばにおいてやることにしました。その翌日のことです。ジムが発作に見舞われ、昏睡状態に陥りました。そして、その後まもなく病院で亡くなったのです。

家に帰ると、どうやらチャビーには何が起こったのかがはっきりわかっているようでした。それどころか、ジムの身に何が起きるかを感じ取っていたのは明らかです。チャビーはもう何も食べず、ほとんど何も飲まず、ただベランダで力なく座っているようになりました。そして、ジムが世を去って1週間後、チャビーもまた静かに息を引き取ったのでした。死因は明らかではないものの、メアリー・ウィックスは老いたチャビーの身に何が起きたのかがよくわかりました。愛する主人と死に別れ、この忠犬は傷心のあまり死んでしまったのです。

ツグミの最後の歌

ウィリアム・ミルバーンは
ペットのツグミにとって
よき友だったので、
彼が世を去ると、
その小鳥は
友を追悼する歌を歌った。

ペットと飼い主とのあいだに存在する、密接な、目に見えない絆は、長い年月をかけてゆっくりと育まれますが、野生の動物とのあいだにさえ、そうした絆は存在するものです。ウィリアム・ミルバーンと美しい小さなウタツグミ(残念ながらその名前は語り継がれていませんが)の場合がそうでした。

ウィリアム・ミルバーンは、イングランド北東部ジャロウ・オン・タインに住んでいました。彼は地元ではよく知られた愛鳥家で、病気やケガをした多くの野鳥や親を亡くしたひな鳥の世話をしていました。また、見捨てられた卵の世話もしており、卵が孵《ふ》化するまで温め続け、それから孵《ふ》化したひな鳥が自分でえさを取れるほど成長するまで、親代わりを務めていました。ウィリアムは鳥とその行動や性質についての知識が豊富で、鳥のことがよくわかっているようでした。長年にわたって世話をした多くの鳥たちが心やさしい主人を好いているように見えたことは、確かです。ほとんどずっとウィリアムはこの羽のある友の独り立ちを支援していたので、鳥たちは成鳥になると、あるいはケガから回復すると、すぐにまた巣立っていくことができました。ウィリアムは自宅や庭で鳥を愛《め》でていましたが、鳥は自然の中にあってこそ美しいのだということを理解していまし

た。そういうわけで、彼が年を取り、鳥が巣立っていくにつれて、家の周辺で飼っているペットはだんだん数が少なくなっていきました。結局、1950年代には、たった1羽を残すのみとなりました。それがウタツグミでした。ウタツグミは、その名の通り、静かな夕べには0.8km先でも聞こえる、美しい旋律のレパートリーを持っています。ウィリアムはこのツグミをひな鳥の頃から育ててきて、非常に愛着を感じていました。また、このツグミはとりわけ美しいさえずりを聞かせてくれたのですが、それでもやはり、鳥の自立を促し、かごに入れることはしませんでした。

美しい歌

実際、その鳥は家や庭を自由に飛び回っていました。けれども、他の鳥はみんな最後には巣立っていったのに、このツグミだけは巣立っていきませんでした。それよりむしろ、この鳥はウィリアムのもとにとどまる道を選んだのです。そして、時には散歩する彼の肩に止まったり、頭に止まることさえありました。訪れた客は、ウィリアムが部屋に入ってくると、にわかにこの小鳥の何とも美しいさえずりが始まるので驚きました。

この雌のツグミは、老境に入ったウィリアムにとってよき伴侶でした。しかし、年には勝てず、ひどいインフルエンザでウィリアムは病の床に伏すことになりました。ウィリアムが病床にあるあいだ、ツグミはそばに寄り添っていましたが、とても静かにしていて、さえずることはほとんどありませんでした。

それから数日のうちに、ウィリアムは帰らぬ人となりました。その遺体が安置されていた3日間、ツグミは家の中にとどまっていました。ただしその間、この鳥が一声でも発するのを耳にした者はいません。葬儀の日になってもまだこのツグミは、家の中を自由に飛び回ってはいましたが、押し黙ったままでした。ところが、棺を持ち上げて、ゆっくりと霊柩車に向かって運び出し始めると、ツグミはそれまでとは打って変わって、今は亡き飼い主に最後の別れを告げるかのように、突然さえずり始めたのです。その美しくも、悲しみに満ちたさえずりは、霊柩車が視界から消えるまで続きました。そして、ツグミは再び沈黙の淵に沈み、二度とさえずることはありませんでした。翌朝、故人の身内が家に戻ってみると、その小鳥も主人のあとを追うように息絶えていました。

最後のお別れをした ミツバチ

人間と動物とのサイキックな絆について話の大多数は、身近なペットに関係したものです。その大半は犬や猫、あるいは鳥に関する話で、時には馬やウサギに関する話もあります。そういう動物はかわいらしいので、特別な関係が生まれるのは理解できないことではありません。しかし、奇妙に見えるかもしれませんが、人間とミツバチとのあいだの不思議な、説明のつかない絆についても、十分に裏付けられた話があるのです。人間とミツバチにかかわる伝統は、遠い過去にまでさかのぼります。「ミツバチに告げる」という古い英国の伝統があるように、ミツバチ飼育者が亡くなったときには、家人がそれをミツバチに知らせることが非常に重要だと考えられていました。通常、この役目は家族の年少者の1人が引き受け、はっきりと声に出して言うか、あるいは巣箱に黒い喪章を結びつける方法で行いました。

しかし場合によっては、さらに進んだ出来事もありました。ミツバチが亡くなった飼育者を自分たちなりの方法で追悼したこともあったのです。1956年に世を去った、米国マサチューセッツ州アダムス出身の養蜂家ジョン・ゼプカの場合が、そうした一例でした。彼の埋葬のために墓地に着いたとき、参列者たちはミツバチの群れに気づきました。群れは葬儀のあいだはじっと動かずにいて、そのあと飛び去りました。1959年2月、ルビー・パーカーは、米国ミズーリ州スコットカントリー出身の養蜂家だった、彼女の父チャールズ・D・ヒットの葬儀に、寒い冬の日であったにもかかわらず、ミツバチの群れが参列していることに気づきました。老いたミツバチは二度と巣箱に戻ることがありませんでした。

ミツバチは世話をしてくれる
人間と深い絆を結ぶことができる。
養蜂家サム・ロジャースが亡くなると、
彼がかつて世話をしたミツバチが
墓地での告別に集まり、
会葬者を驚かせた。

敬愛される飼育者

さらに驚くべき実話のひとつは、サム・ロジャースという年老いた英国人養蜂家に関するものです。サムは英国シュロップシャー州のある村で郵便配達と靴修理に従事していましたが、養蜂家としても有名で、評判も高く、多くの時間と愛情を飼育するミツバチに惜しみなく注いでいました。ほとんどの経験を積んだ養蜂家と同様に、彼も生まれながらにしてミツバチの扱い方を心得ているようでした。1961年にサムが亡くなると、彼の子どもたちは古いしきたりに従って、父が遺した14個の巣箱のところに行き、それぞれの中にいるミツバチに飼育者の死を告げました。しかし、これでミツバチのこの話への関与が終わったわけではありません。その後、家族や友人は1.6kmほど先にあるサムの墓に集ったとき、異様な光景に迎えられました。サムが飼育していた何千匹ものミツバチが巣箱から飛来し、墓地の周辺をブンブン飛び回っていたのです。近くの花咲く木々には目もくれず、ミツバチはサムの棺を覆う花や献花に止まりました。巣箱に帰るまで、そうしてそこに半時間ほどとどまっていました。それを見た人たちは、その光景に深い感動を覚えました。その日、葬儀を執り行った教区牧師ジョン・エイリング牧師は、自分はこういう昆虫の行動に合理的な説明を見つけるべきなのだが、と切り出し、こう言い添えました。「しかし、私がそうしなかったとしても、あのミツバチはサムに別れを告げに来ただろうと思います」。

フェリックスの場合、
この世で最も大切な人は
キング老人だった。
老人が亡くなると、
このふわふわした
黒白の雄猫は
主人の墓を探し出すのが
当然だと思った。

忠実な猫 フェリックス

愛情深い一家のペットだったフェリックス。この黒白の雄猫は、ロバート・キングとその妻と幼い娘とともに、オーストラリア・メルボルン東部セント・キルダ地区で暮らしていました。フェリックスは家族みんなになついていましたが、一番なついていたのは長年一緒に暮らしてきたロバートの父、キング老人でした。彼らは離れがたい関係と言ってもいいくらいで、妻に先立たれた老人にとって、フェリックスはすばらしい伴侶であり、猫にとって、その飼い主は愛情深く頼りになる主人でした。

そんな彼らにも、ついに悲しい日が訪れました。重い病を得たキング老人が亡くなったのです。当然のことながら、家族はみんなこの死を悲しみました。とはいうものの、老人が長く幸せな生涯を送ったことや、しばらく病気だったことがわかっていたので、それが慰めになっていました。しかし猫のフェリックスにとっては、主人の死はすべてのエネルギーを消耗するほどの衝撃でした。いつもはおとなしく穏やかだったフェリックスが、目に見えておかしくなってしまいました。普通なら大喜びでガツガツ食べるえさを食べたがらず、家の中をわけもなくさまよい歩き、ニャーニャー鳴いたり叫んだりするのです。その嘆きは慰めようがないように見えました。自分自身の悲しみに何とか折り合いをつけようしていた家族も、悲嘆の淵に沈む飼い猫がかわいそうになり、数日後、その苦悩を和らげようと、メルボルンを巡るドライブに連れて行くことにしました。ひょっとすると、フェリックスにとって何らかの気分転換、つまり悲嘆から立ち直るのに役立つ新たな経験になるのではないかと考えたのです。

美しく晴れ渡ったある日、一家とフェリックスがメルボルンの町を車で巡ったときのことです。最初はすべてが順調でした。そのうち車が信号で止まると、何だか妙なことが起こりました。この新たな経験に戸惑って、それまでおとなしく座っていたフェリックスが、急に警戒するような様子を見せたのです。フェリックスは毛を逆立て、尻尾をぴくぴく動かし、見るからに不安げな様子で立ち上がりました。そして信号が変わって車が発進する前に、突如として、暖かいので開けっ放しにしていた窓から飛び出していきました。一家は驚き、猫を呼び戻そうとしました。さらには、あとを追おうとしました。しかし、どうにもなりませんでした。道路は渋滞し、フェリックスはどんどん遠くに行ってしまったのです。やがてその姿は完全に消えました。

長い見張り

キング老人の死からいくらも経たないうちに起きたフェリックスの突然の失踪は、キング一家にとって大きな痛手でした。フェリックスは家がちゃんとわかっていて、家が気に入っていたので、彼らはフェリックスの帰りを待っていましたが、内心ではもう会えないものとあきらめていました。

二重のショックに沈む心を抱え、1週間後、キング夫人と幼い娘はキング老人の墓参りに出かけました。ところが墓地に着くと、思いがけない光景に迎えられます。そこには、墓のそばを決然と行きつ戻りつする、ほかならぬフェリックスの姿があったのです。

目立つ傷跡があり、尻尾が少しひん曲がっているものの、フェリックスは元気そうで、キング夫人とその娘に会えて明らかに喜んでいました。キング夫人は首をかしげました。故人の墓はもちろんのこと、いったいどうやってこの墓地を見つけたのだろう？　その墓地はフェリックスが車を飛び降りた地点から8km以上離れている上に、フェリックスは生まれてこのかた一度も来たことがなかったからです。

ところが今度は、フェリックスをその場所から引き離すことができません。キング夫人と娘は何度もフェリックスをキング老人の墓から連れて行こうとするのですが、そのたびに車が墓地の出入り口にも達しないうちに車から飛び出して、墓の見張りに戻ってしまうのです。どうしようもありません。フェリックスは、亡くなっても主人のために「墓守」を続けると心を決めていたのです。結局、キング一家は霊園職員がえさを与えてくれるように手配して、定期的に顔を出しましたが、帰るようにフェリックスを説得することはできませんでした。かくして命尽きる日まで、フェリックスは亡き主人に対する忠節を守り、その墓のかたわらに義理堅くとどまったのでした。

キングは実によい名前をつけられたと思えるペットでした。黒く、力強く、堂々としているこのジャーマン・シェパード犬には、確かに王者の風格がありました。とはいえ、キングは自分より上の権威も認めていました。つまりそれはキングが敬愛する主人フィリップ・フリードマンです。

フィリップとクララのフリードマン夫妻は、1930年代にニューヨークのブルックリンで食料品店を営んでいました。1934年には、もう高齢になっていたフィリップが健康を損ね、家族は彼の死期が近いことを何となく感じていました。もちろん、キングもわかっているようでした。キングは店の裏庭に置かれた立場から、飼い主であり親友である

キングとその主人のあいだの緊密な絆は、このジャーマン・シェパードが主人がいつどこで埋葬されたのかを知っていたことだった。

キング
主人の埋葬場所を知っていた犬

人の身に起こりつつあることを感じ取って、ひどく動揺していました。その悲しげな顔つきだけでなく、死にゆく人の窓の下に座って、クンクン鳴いたり、遠吠えしたりすることからも、極度の不安を抱えていることがうかがえました。フィリップ老人の死が目前に迫るにつれ、キングの苦悩はますます深まりました。そしてとうとう11月、誇り高き老人が息を引き取ったとき、敬愛していた主人の身に何が起きたのかがキングにわかったのは明らかでした。キングは前脚で立ち上がって窓を引っかき、そしてフィリップに最後の別れを告げるか

のように、深く悲しみに満ちた声で咆哮《ほうこう》したのです。

キングが裏庭に閉じ込められていた一方で、家族は遺体の安置や葬儀の手配という悲しい仕事をし、葬儀はつつがなく、厳粛に執り行われました。その間、故人のペットは、主人を亡くした深い悲しみをはっきりと示し続けていました。家族が家で喪に服しているとき、キングはお祈りのあいだは静かにしていましたが、それ以外のときは裏庭や今は亡き主人が作ってくれた犬小屋の中から吠えました。悲嘆に暮れる犬をどうやって慰めたらいいのか誰にもわかりませんでした。

それから3日後、キングは失踪しました。一陣の風で裏庭のドアが開き、誰かが閉める前に姿を消していたのです。主人の死を嘆いた犬が悲しみのあまりひとりで町に出て行ったと思うと、いてもたってもいられなくなった家族や近所の人たちは、キングを探し始めました。しかし、発見には至りませんでした。地元紙に小さな広告を掲載することさえしましたが、キングの目撃情報は得られませんでした。キングは永遠に消えてしまったように思えました。

ある日、家族の1人があることを思いつきました。フィリップが埋葬されている墓地に行ってみよう、もしかするとキングがそこに現れたかもしれない、というのです。その思いつきは最初は冷笑されました——キングは埋葬のあいだ閉じ込められていた上に、一度も墓地に行ったことがなかったのですから——しかし、それ以上の名案は思いつかなかったので、行ってみることになりました。

そこでブルックリンのマウント・ヘブロン墓地に行った一家は、フィリップの墓近くの雪に残された犬の足跡を見て驚き、もしやと思い、係員に墓地で大きなジャーマン・シェパードを見なかったかどうか尋ねました。すると驚いたことに、係員は見たことを認め、それどころか、その犬は毎日墓に姿を見せ、墓に寝そべって、明らかに嘆くように吠えたり、クンクン鳴いたりしているというのです。近づこうとすると、いつも威嚇するようにうなり声を上げる。さらには、毎日決まって午後2時に姿を現すと、墓地係員は言いました。フリードマン一家はびっくり仰天して顔を見合わせました。フィリップスの埋葬が行われたのが、ちょうど午後2時だったのです。

翌日、キングがやって来るかどうかを確かめるため、家族の1人が墓のそばで待っていると、午後2時過ぎ、時間通り、キングは遠くから姿を現しました。その家族のメンバーは、家に連れて帰ろうとして、キングの名を呼びました。ところが、キングは一瞬前方に視線を凝らすと、きびすを返して、姿を消してしまいました。再びその姿を見た者はいません。キングは主人と再会しに行ったのでしょう。

人間が動物に何か親切なことをしたとき、人間と動物のあいだに緊密な絆が生まれることがよくあります。多くの場合、その動物は恩に報いようとするのです。

慰めを与える鳩

1950年代のヒュー・パーキンスと彼が作った意外な友達の話が、そういう場合に当てはまりました。その当時12歳だったヒューは、米国ウェスト・バージニア州で平穏な毎日を送り、よく裏庭でひとり楽しく遊んでいたものでした。ある日、1羽の鳩が庭に飛来しました。ヒューはその灰色の鳥に興味をそそられました。片脚にアルミニウム製の足輪をつけているので、どこかの伝書鳩かレース鳩であることは明らかです。ところが、それにもかかわらず、鳩はもと来た場所になかなか戻ろうとしませんでした。ヒューがこの新しい鳥の友達にえさを与え始めると、鳩もしだいに安心してくつろいだ感じになってきました。少年はこの鳥に話しかけ、鳩も彼のやさしい口調に反応しているようでした。道に迷ったのか、空腹だったのか、あるいはただ友達がほしかったのか、それは誰にもわかりません。しかし、鳩はすぐにヒューの前ではますます居心地よさそうな様子を見せるようになりました。実際、2、3日もすると、鳩はヒューのペットとしての地位を確固たるものにして、彼らは親友になりました。ヒューは鳩の足輪に識別番号があることまで発見しました——それは167でした。

少年は裏庭に飛来した鳩の力になった。そんなわけで、その後少年自身が病気になったときには、この鳩が160km飛んで若い友人が入院している病院のベッドサイドまで見舞うことによって、その恩に報いた。

重篤な病気

ヒューがそのペットに定期的にえさを与えて話しかける、友情関係は翌年もずっと続きました。ところがある日、少年は突然重い病気にかかりました。ひどく心配した両親は、山を越えて160km車を走らせ、治療を受けられる大病院にヒューを連れて行きました。その病院で、ヒューは緊急手術を受け、危機は脱したと言ってもらえました。しかし危機は脱したとはいえ、体はまだかなり弱っており、体力が回復するまで病院のベッドで過ごさなければならないとのことでした。

手術が終わった日の夜は吹雪で、ヒューがベッドで横になっていると、そっと窓をたたく音がしました。最初のうちは、暴風にあおられた木の枝が窓ガラスに当たる音だろうと思っていました。しかし、窓をたたく音は一向に止まないばかりか、木の枝が立てる音にしては規則正しく、乱れがありません。目を凝らすと、思った通りでした。1羽の鳩が寒さと雪のために身を縮めて、窓ガラスをくちばしでコツコツたたいていました。ヒューは衰弱してベッドから出ることができなかったので、看護師を呼んで窓を開けてもらいました。果たして、看護師が窓を開けたとたん、凍えかけた鳥が飛び込んできました。ヒューにはこの鳥の正体がすぐにわかりました。そして、アルミニウム製の足輪がそれを裏付けました。番号は167。ヒューのペットの伝書鳩でした。えさを与え、無条件の友情を与え、ヒューはこの鳥に思いやりを示してきました。今度は鳥の方が吹雪の中を160km飛んで、助けが必要な友人に恩返しをしたのです。

シェップの長い見張り

ある人とそのペットのあいだに築かれる絆は、生きているあいだだけではなく、死後も続くことがあります。ペットによっては、人に対する忠誠心がこの世に限られたことではないからです。少なくとも、シェップというシープドッグとその献身的愛情の驚くべき話の背景には、そういうものがあります。

この白黒のシープドッグは長年、フランシス・マクマホンとともに米国イリノイ州で暮らしていました。一緒に散歩に行こうと、家で静かに座ってラジオを聴いていようと、彼らはほとんど離れがたい関係でした。忠実なシェップが主人の幸福と安全につねに目を光らせていたので、この満ち足りた生活は長年にわたって続きました。フランシスもこの物静かで控えめな犬を信頼していました。しかしある日、彼はこの犬の警告を真剣に受け止めなかったせいで、悲惨な結果になったのです。

それは、フランシスが何かの修繕作業をするために階段を降りようとしていたときのことでした。シェップが激しく吠え始めました。これは普段の行動とはまったく異なっていたため、フランシスはあたりを見回しましたが、これといった異常は見られず、そのまま階段を降り続けました。しかし数秒後、彼は足を踏み外して、真っ逆さまに階段下まで転落してしまったのです。どうやらシェップが予感して恐れていたのは、この事故だったようです。

シープドッグのシェップと飼い主のあいだに存在した絆はとても強かったので、飼い主がこの世を去ったときでさえ、この犬は生きている飼い主を最後に見た場所を離れようとしなかった。

主人の言いつけ

救急車が呼ばれ、不運なフランシスは病院に救急搬送されました。シェップも身内の車であとを追いました。フランシスはこの事故で頭がい骨を骨折し、重傷だということがまもなく明らかになりました。しかし意識はあって、そして実際、車椅子に乗せられて救急救命室から出てきたときに、病院

の正面玄関わきの廊下で落ち着かなげに座っていたシェップに声を掛けることができました。フランシスは、大丈夫だからと言って、病院の前で待っているようにシェップに言いつけたのです。いつも従順で忠実なシェップは、その言いつけ通り、主人が戻ってくるのを病院の正面階段のそばで待ちました。残念ながら、フランシスは容態が悪化して、シェップに声を掛けてからわずか数時間で亡くなってしまいました。このときシェップは病院の反対側にいましたが、言いつけ通りその場を離れませんでした。しかし、フランシスの遺体が病院の裏口から運び出されたときには、苦悩に満ちた悲しげな鳴き声を上げました。遺体を目にするまでもなく、主人が亡くなったことはわかっていたのです。ところが、それにもかかわらず、シェップは自分の居場所、つまり病院の正面階段のそばにとどまりました。それからというもの、この場所がシェップの新しい家となりました。シェップは亡き主人のために孤独な不寝番を続け、それは丸12年続きました。

主人が亡くなってしまったことは心の底ではわかっていても、シェップはその最後の言いつけに従うことによって、ともかくも愛する主人のそばにとどまっていられると感じていたのです。シェップ自身が天国にいる主人の仲間入りをするまではということですが。

主人は遠く離れた
戦場にいたが、
コリーのボブは
この将校の
生命の危機を感知して、
まさにその死の瞬間に
吠えた。

犬のボブには 塹壕の光景が見えた

その家族に飼われて日も浅いボブは、まだ子犬と言ってもいいほどでしたが、この白黒のコリーは主人のロイという若い英国人陸軍将校に非常によくなついていました。彼らは家にいるときにはいつも一緒で、ロイもその妻もボブの陽気な性格と無限とも思えるエネルギーに驚嘆していました。しかし、時は1915年、同世代の多くの若い男たちと同様、ロイものちに第一次世界大戦と呼ばれることになる祖国防衛の戦いに招集されました。ロイの妻は、夫が別れを告げ

てフランスへ発ち、対ドイツ戦に参加すると、自分が不安を覚えるだろうとは思っていましたが、ボブの変化は予想外でした。ロイが発ってからというもの、ボブはしゅんとして、自分の殻に閉じこもってしまったのです。かつて見せた陽気さは消え失せてしまいました。その若犬の態度は、彼女の言葉を借りると、「ほとんど不機嫌」と言ってもいいほどでした。

ボブは、女主人の寝室で眠るのが習慣になりました。毎晩、ドアのすぐ内側に座り込み、毎朝、ベッドに駆け寄って、「おはよう」のあいさつ代わりに彼女の手を舐めて起こすのです。主人の妻のそばにいることで、主人その人の近くにとどまろうとしているかのようでした。

この習慣は、ボブが元気を取り戻す気配がないまま、1915年9月15日の朝まで続きました。その日、ロイの妻はいつものように目覚めましたが、ボブのいつものあいさつで起こされなかったことに気づいて意外に思いました。それどころか、ボブの姿がどこにも見当たりません。二度呼んで、ようやく、のろのろと、若いコリーはベッドの下から這い出してきました。ところが、彼女の手をちょっとなめると、すぐにまたベッドの下にもぐりこんでしまいました。

ボブの異常な行動はそれだけではありません。普段は決まって朝の散歩に出かけていましたが、その日はどうしても行きたがりませんでした。鼻が乾いて、熱があり、どうも様子がおかしい。犬の元気のない様子を心配して、ロイの妻は車で獣医師のもとに連れて行くことにしました。いつもなら、このコリーは車で出かけるチャンスに飛びつくのですが、このときはほとんど車まで運ばなければならないありさまでした。彼女の心配をよそに、獣医師からは、これといって悪いところはないと言われて、帰宅しました。しかし、ボブの様子はやはり変でした。えさを食べようとせず、意気消沈したように床に寝そべり、大きな悲しげな目で彼女を見上げているのです。ボブは何かを伝えようとしているかのようだと、彼女は思いました。

もう一度獣医師に診てもらおうかと、ロイの妻が思案していたちょうどそのとき、ボブが突然、恐ろしい、一度聞いたら忘れられないような吠え声を上げました。しばらくのあいだ、なだめようがありませんでした。吠えるのをやめたときでさえ、まったくボブらしくなく、うなったりクンクン鳴いたりし続けました。その後、しだいに熱が下がり、数日間はえさを食べようとしなかったものの、ボブは回復したように見えました。

4日後、ロイの戦死の報を受けるまで、ロイの妻はわけがわかりませんでした。別の将校から伝えられた話によると、彼女の勇敢な夫は、敵に攻撃を仕掛けるために塹壕を飛び出したときに撃たれて死亡したとのことでした。

また、夫の死亡した日時もわかりました。ボブが悲しく陰鬱な遠吠えを始めた、まさにそのときだったのです。ボブの9月15日の行動はこれで納得がいきます。なぜかボブはその日主人の命が危ないということがわかっていたのです。かわいそうに、この犬は死の瞬間に主人の悲惨な運命を感じ、今は女主人と分かち合っているひどい喪失感から、こらえきれずに吠えたのでした。

グレイフライアーズ・ボビーの献身的愛情は、人間と犬のあいだに育まれた友情に関する最も感動的な物語のひとつである。

グレイフライアーズ・ボビー 忠犬テリア

ごくたまに、献身的愛情と忠誠の行為がとてつもなくすごいために、世の人々の記憶の中で生き続けて後世の人々の感動を呼び起こすことがあります。19世紀から伝わるグレイフライアーズ・ボビーの驚くべき物語がそうでした。ボビーは若い勇敢なスカイ・テリアで、ジョン・グレイという警官の飼い犬でした。グレイ――通称オールド・ジョックは、スコットランドの中心都市エディンバラで警官をしていました。警官生活は困難で危険が伴うものですが、2年間にわたって、ボビーは夜遅く町の通りをパトロールするオールド・ジョックには最高の相棒でした。とはいえ、その仕事は負担が大きく、1858年のある日、ジョンは病に倒れました。その後まもなくして、たいへん悲しいことに、ジョンは亡くなってしまいました。ボビーも主人の葬儀に会葬者に混じって参列しました。葬儀は、ジョンの埋葬墓地である、エディンバラのグレイフライアーズ墓地で執り行われた埋葬式で終了しました。その後、身内の人たちが悲しみに打ちひしがれたボビーを家に連れ帰り、ボビーをどうしたものか話し合いました。しかし、ボビーは主人のそばを離れる気にはなれなかったようです。その夜、逃げ出すと、墓地に引き返しました。

忠実な墓守

通常、その入り口は施錠されているのですが、ボビーは何とか中に入りました。おそらくは、巡回の警察官が墓地の鍵を開けたときでしょう。結局のところ、ボビーは亡くなった主人のおかげで警察の定められた手順をすべて把握していたのですから。朝になって、墓地の管理人ジェームズ・ブラウンが、ジョン・グレイの墓の上で寝そべるボビーを発見しました。しかし、犬を墓地に入れるのは規則に反するので、その小さなテリアを墓地から追い出しました。ところが翌朝もボビーはそこにいて、ジェームズ・ブラウンはまた追い出さざるを得ませんでした。3日目の朝、ボビーがまたしても主人の墓に舞い戻っていたときには、墓地管理人はその小さな犬に哀れを催しました。雨が降り、寒くもあり、管理人は食べ物を与えることにしました。それ以来、ボビーは墓地にいつくようになりました。天候が非常に悪いときには、ボビーは近くの民家に雨宿りさせられることもありました。しかしボビーは墓地から離されることが気に入らず、不満をあらわにしました。ボビーの信じがたい墓守は、1872年に自身が世を去るまで続きました――驚くなかれ、主人が亡くなってから14年間の長きにわたって続いたのです。それにふさわしく、このテリアの遺体はジョン・グレイの墓近くに埋葬されました。これまで、この小さな犬の実話はエディンバラの人々やさらに遠方の人々の感動を呼んできました。ボビーの主人に対する献身的愛情を称えて、銅像が建てられ、この記念碑を見るためにいまだに観光客がこの墓地を訪れます。ボビーの物語は定期的に上演されており、この実話をもとに映画も作られました。しかし、どんな銅像よりも、どんな映画よりも、はるかにパワーにあふれているのは、ボビーの献身と忠誠のわかりやすい実例です。人間と動物のあいだに存在する、その信じがたい絆への尽きることのない賛辞です。

フローラとメイアの帰宅感知能力

2匹のシャム猫、フローラとメイアは、イングランド南部ケント州の美しい田園地帯でジュディスとジェフリーのプレストン＝ジョーンズ夫妻とともに暮らしていました。この猫たちが特別な絆で結ばれていたのは、ジュディスの方でした。「私の猫そのものといった感じでした」と言って、彼女は思い出を語ります。この種類の猫の例に漏れず、フローラもメイアも端正な顔立ちで、とても頭のよい猫でしたが、もうひとつ特別な資質を備えていました。2匹は女主人がいつ帰宅するかをいつも正確に知っているようだったのです。それが昼でも夜でも時間は関係ないようで、この2匹のシャム猫はジュディスの帰宅を、彼女がかなり離れたところにいるときでさえ、予測することができる不思議な特技を持っていました。フローラとメイアはジュディスが家に帰ろうと思ったのを感知するやいなや、期待と興奮の兆しを見せ始めました。天気がよく、暖かければ、特に夏場は、前庭へ飛び出し、ジュディスが帰宅するまでそこで座っていました。しかし、冬場や雨降りの場合は、乾いた暖かい室内にとどまっていました。それでもやはり、ドアのそばで待っていたことから、ジュディスの帰着が目前だとわかっているということがうかがえました。

不思議な能力

1990年代の一時期、ジェフリーとジュディスはそれぞれ、ペットがどんな反応を示したかを記録したペット日記をつけていたのですが、この猫たちの不思議な行動は特筆すべきものがあり

ました。こうした日記から、ジュディスが外出したときや、夜に仕事から帰ってくるときに、この2匹は通常、彼女が帰宅する10分ほど前から活気づき始めることがわかりました。ジュディスの言葉によると、「死んだように眠りこけていたのに、私がまもなく帰宅する頃になると、むくっと目覚めたんです。それで夫はいつも私がいつ帰宅するかがわかったわけです。動物はみんな持っている能力だと思います。うまく説明できないけれど」。

ただし、この行動には若干の例外がありました。そのときは非常に寒かったので、猫たちはいつもの出迎えをやめて、暖を取りたいという猫本来の欲求に従い、暖かいボイラーのそばにとどまってぬくぬくと過ごしていました。また別のときには、ジュディスの帰宅を予測できなかったことがありました。そのときは、故障した洗濯機の修理に来た人がいて、人見知りをする猫たちは知らない人から身を隠すために2階へ逃げていたことが、どうやら原因のようです。

帰宅が昼でも夜でも
どんな時間であろうと、
あるいはどれほど遠くに
出かけていようと、愛する
女主人がいつ帰宅するかを、
美しい2匹のシャム猫は
いつも正確に知っていた。

最も驚くべき出来事は、ある晩、ジュディスが午後9時40分頃に帰宅したときに起こりました。その晩、彼女は5kmほど離れた村でミーティングに出席していたのですが、今回は猫たちの帰宅感知能力も大はずれだったと、ジェフリーは彼女に伝えました。2匹が午後9時にいつもの落ち着かない状態になったことから、妻の帰宅は午後9時10分頃になるだろうと思ったのに、彼女はその時間に帰宅しなかったから、猫の早期警戒システムは絶対確実というわけではないのだと。しかし、それに続くジュディスの説明は予想外のものでした。実は彼女はもっと早い時間にミーティングの席を離れ、家に帰ろうと車に乗り込んだものの、友人に話しておかなければならない用件を思い出したので、ミーティングの会場に引き返して午後9時30分までそこにいたというのです。フローラとメイアは、ちょうどジュディスが最初に車に乗り込んだとき、つまり午後9時きっかりに反応していたわけです。

ハンス・ゾーグが帰宅途上にあると、家族にはそれがわかった。というのも、彼を敬愛する猫のメオがいつも同じように反応したからだ。

その人がいつ帰宅するかがわかるだけでなく、その人が電話をかけてきた相手かどうかもわかる、そんな人間とのサイキックな絆を示すペットもいます。電話のベルが鳴ったとき、電話をかけてきた相手が誰かわかっているらしい動物たちに関して、十分な裏付けのある話はいろいろあります。たとえば、英国オックスフォードシャー州からデイヴィッド・ウェイトが伝えるところでは、彼が出張のため不在で両親に留守番を頼んでいると、彼の飼い猫ゴジラはデイヴィッドが家にかけてきた電話である場合だけ電話のベルに反応し、他の電話には取り合わないとのことです。一方、英国ノース・ヨークシャー州のケリーというオウムは、電話のベルが鳴ると、二人の姉妹のどちらが家に電話をかけてきたかによって、「ミッシェル」、あるいは「ジェニーン」と叫ぶそうです。しかし何と言っても、主人の帰宅を察知するペットの驚くべき話の最たるもののひとつは、スイスのゾーグ家の話です。メオは、一見、どこにでもいる普通の白黒の猫でした。1970年代、メオはベルンにほど近いビールというのどかな小さな町で、家族とともに静かな生活を送っていました。しかし、メオは確かに普通の猫ではありませんでした。彼は意外な才能を見せたのです。その能力については、家族のヘレナ・ゾーグが語っています。

メオ テレパシーがある猫

ヘレナの話によると、メオはベルンの通

りで見つけた捨て猫で、彼女の父ハンスに特になついており、特別な絆を結んでいるようだったといいます。ゾーグ氏は常勤の電気技師の仕事を退職してからは、時々、電車ですぐのアールガウにいる知人のところへ働きに行っていました。ゾーグ氏は外出中、家族の無事を確かめ、家族に自分の無事を知らせるために、たまに自宅に電話をかけることがありました。

精神感応力

ところがヘレナに言わせると、家族はいつもゾーグ氏から電話がかかってくるのがわかったというのです。電話のベルが鳴り出す1分前に、メオはいつも落ち着かなくなり、自分で電話に出たがっているように、電話のすぐそばにどっかりと座り込んだからです。性格のよいメオは、他の電話にはこのような反応を一切見せなかったので、これは特に異常なことでした。しかし、メオのサイキックな認識力はこれだけにとどまりません。ゾーグ氏はいつも、ビールの駅までは電車で、そこからはスクーターに乗って帰宅していましたが、家族は父親が乗った電車の到着が正確にわかりました。というのも、いつもメオが玄関わきに移動した20分後に、ゾーグ氏がドアを開けて帰宅していたからです。20分というのは、スクーターの乗車時間なのです。たまにですが、ゾーグ氏はいつもと違う電車に乗って予定より少し早く到着することがあり、早く帰ることを家族に伝えるために駅から電話をかけていました。これも、家族はあらかじめわかっていました。なぜなら、そんな場合でも、メオは電話が鳴る前に電話のそばに座っていたからです。そして、その電話の意味するところを悟ると、メオは玄関まで歩いて行って、主人の帰りを待っていました。メオは、いつ主人が電話をかけてくるかということがわかるだけでなく、なぜ主人が電話をかけているのかということもわかっているようでした。本当に、メオは普通の猫ではなかったのです。

スパニエル犬ほどの大きさの小型雑種犬ラスティは、ちょっと無視できないタイプの犬でした。エリザベスとスーのブライアン姉妹と暮らすようになる前は、しばらく路上で暮らしていた経歴の持ち主で、明るく、タフな性格。スーの言葉を借りると、「ラスティは、ディズニー映画『わんわん物語(Lady and the Tramp)』のトランプのように世慣れた犬でした。ものすごい直感力があったんです」

確かに、ラスティにはその評判通り直感力がありました。スーとエリザベスが同居していた家があったのは、クローリーという英国サセックス州の小さな町で、ガトウィック空港のすぐそばです。この立地はエリザベスの仕事には好都合でした。というのも、彼女は英国の大手航空会社の客室乗務員だったからです。はるか遠くまで旅するなど、魅力的な側面もありますが、客室乗務員という仕事は非常に厳しいもので、時にはへとへとになることもあります。この仕事の最もたいへんなところは、勤務時間が予測できないこと、交替勤務《シフト》時間が長いこと、そして変

ラスティの飛行機到着を知る直観力

スー・ブライアンは客室乗務員をしている姉エリザベスがいつ帰宅するかを知りたければ、直観力にすぐれた飼い犬ラスティの反応を見ればよかった。

則的な勤務形態になることです。つまり、家に残された人が大切な人がいつ帰宅するかを知るのが難しいこともある、ということです。しかし、ブライアン姉妹の家では、スー・ブライアンは姉の飛行機が空港に着陸した時刻を正確に知ることができたので、それは問題ありませんでした。ただラスティの反応を見さえすればよかったのです。

特別な愛着

ラスティはスーとも十分よい関係にありましたが、特別な愛着を持っていたのはエリザベスの方で、この女主人を熱愛していました。そのため、エリザベスの出発や帰宅を注意深く監視していたのです。エリザベスの搭乗機が着陸するやいなや、ラスティは耳をそばだて、ソファに飛び乗り、窓の外を一心に見つめながら、彼女の帰宅を待っていたものです。搭乗機が遅れようが、変則的な勤務形態で働いていようが、そんなことは問題ではありませんでした。実際、エリザベスの乗務は、日中、夜間のフライトがあるのはもちろんのこと、短距離、長距離のフライトもありました。ガトウィック空港は世界有数の混雑する空港で、飛行機が絶え間なく離着陸しますが、それも問題ではありませんでした。ラスティはいつも彼女が搭乗した便が着陸した瞬間に、それがわかったのです。ラスティはとても確実で信頼できるので、妹のスーは航空便時刻表か何かのように利用したものでした。どれほど遠くへエリザベスが行こうと、あるいはどれほど突然のフライトであろうと、姉妹の家で暮らした3年間に、ラスティが間違ったことはありません。飛行機が着陸すると、ラスティは落ち着きを取り戻しましたが、エリザベスの車が自宅近くの環状交差点に差しかかるやいなや、再び興奮しだしたものでした。

スーはラスティの能力にいつも驚かされていました。「ラスティはエリザベスがいつ帰宅するか、日にちも時間も、知っていたはずがないのに。でも、毎回同じように反応したので、私はいつも彼女の飛行機がいつ着陸したかがわかったんです。すごいでしょ」。

3章
命を救う

ペットは私たちに多くのものを与えてくれます。愛情、友情、親密なつきあい。笑わせたり、時には泣かせたり。

しかし、この関係がそれよりはるかに重大な影響を持つこともあるのです。動物は周囲の世界に敏感で、私たちがそれと気づかないうちに何が起こっているのかを感知することができます。

時には、将来何が起きるかということさえ予測できます。また、動物は私たちの身に危険が迫っているときもわかるので、助けようと全力を尽くし、それが驚くべき結果につながることもあるのです。

カドルズ
命を救った猫

それは、ディード・サマースケールズにとって非常に特別な晩でした。翌日は彼女の人生で最高に幸せな日——結婚式——を迎える予定で、独身生活最後の時間は準備がすべて怠りないかの確認に費やしていました。ようやく、骨の折れる仕事満載の、心が弾む一方でうんざりする1日を終え、彼女はぐっすり眠るのを心待ちにしていました。

つまりそれは、1978年9月8日の晩に、ディードはやっと仕事を終えて、ウエスタン・オーストラリア州カラムンダの自宅のベッドに潜り込んで心地よく横たわったということです。初春の気候は肌寒かったので、電気毛布のスイッチをオン。毛布に潜り込んだとき、ディードは心地よさと暖かさに包まれました。ちょうどそのとき、ドアのところで物音が聞こえました。何の音かと怪訝に思って見に行くと、驚いたことに飼い猫のカドルズがそこにいました。猫は部屋に飛び込んできて、ディードのベッドに飛び乗りました。どう見ても一晩中そこにいすわるつもりのようです。この猫はいつも下の階で寝ていて、彼女と一緒に寝ることはなかったので、ディードはこの行動に驚きました。それでも、ひょっとするとカドルズは結婚式のことで興奮していて、この最後の夜を一緒に過ごしたいと思っているのかも。しかし、それ以上考えるには疲れすぎていて、ディードはすぐに深く安らかな眠りに落ちました。

花嫁となるディードは、
飼い猫のカドルズの献身を
決して忘れないだろう。
この機転のきく動物は、
結婚式前夜に火事から
彼女の命を救ったのだ。

特別な贈り物

2、3時間して、ディードは突然眠りから呼び起こされました。目覚めて気づいたのは、カドルズが顔のすぐ横に座っていて、彼女をなめて、異常な鳴き声を上げていることでした。起こされたことに多少苛立ちを覚えながら、なぜ猫がこんな奇妙な行動を取るのか不思議に思って、ディードは身を起こしました。室内の強烈な煙のにおいに気づいたのは、そのときです。すぐに視線を落として、煙の発生源がわかりました。電気毛布が溶けて、発火しそうになっていたのです。ディードはベッドから飛び出すと、すばやく電気毛布のプラグを抜いて、その火を踏み消しました。毛布に電源を入れて寝た自分に腹が立ったものの、起こされたときに起きてよかったと思いながら。まだこの出来事に動揺していましたが、結局ディードはまた眠りにつきました。

翌日の早朝、ディードの父が毛布を調べてみたところ、接続部分が緩んでいて、毛布がくすぶり出したことがわかりました。もし起こされたときに起きていなければ、火事でひどいやけどを負っていたか、あるいは焼け死んでいたかもしれないということが、これではっきりしました。もちろん、そのときにはもうディードにはなぜカドルズが夜遅くに部屋に入り込み、真夜中に彼女を起こしたのか、その理由がわかっていました。カドルズは危険を察知し、女主人を助けるために行動したのでした。

そのおめでたい日以降、ディードはカドルズが単なるペット以上の存在であることを知りました。それどころか、カドルズは命を救うという最高の結婚祝いを送ってくれた、真の忠実な友なのだということを。

ビブの勇敢な犠牲

勇気ある行為は、あらゆる姿かたちの生き物に現れます。英雄もです。救い主となるのに肉体的な大きさや強さは関係ないということを証明した動物の英雄。それが黄色いカナリアのビブでした。ビブは、地元の人からテスおばさんと呼ばれている年配女性に飼養されていました。テスおばさんとビブが暮らしていたのは米国テネシー州ハーミテッジで、その地でビブはこの年配女性の陽気な伴侶になりました。ビブの絶え間なく歌い、さえずる姿が、人生のたそがれ時を迎えたテスおばさんの心をなごませていました。

しかし、寄る年波には勝てず、テスおばさんはペットのカナリアだけを相棒にひとり暮らしをするには危なっかしくなっていました。本人がそういう暮らしを選んだのですが、近くに住む姪はこの年配女性を気にかけて見守っていました。毎晩、姪はテスおばさんの家の明かりがついているかどうか確かめたもの

ごく小さな体だったが、
勇敢なカナリアのビブは、
テスおばさんの命を救う
勇気と強さを持っていた。

でした。明かりがついていれば、何も問題はなし。略式なやり方でしたが、これで十分うまくいっていました。

雨が降り、風が強いある晩、姪がいつものようにテスおばさんの家の明かりを確かめると、吹き荒れる夜風の中、明かりがついているのが見えました。おばさんに何も問題はなし、と安心して、その若い女性は自宅のカーテンを閉めると、過酷な自然から安全に守られ、夫と静かな一夜を過ごすことにしました。

間一髪

ところが夜更けに、姪夫婦は窓ガラスをトントンたたく音を耳にしました。最初は、風に吹かれた木の枝が家に当たる音だろうと思って、気に留めませんでした。しかしその音は止まず、執拗で、ほとんど急を要するようでした。心配になった姪が窓辺に急ぎ、カーテンを開けると、小さな黄色い鳥が窓の外にいるのが見えました。かわいそうに、悪天候のためにずぶぬれになっています。ビブ！　そのカナリアを見て驚いた姪は、テスおばさんの家で何かよくないことが起きたのかもしれないと感じました。彼女と夫は取り急ぎおばさん宅に駆けつけましたが、緊迫したノックにも返事はありません。ドアを開けて中に入ったとき、その理由がわかりました。テスおばさんは廊下で倒れていたのです。かたわらには血だまりができており、どうやらよろめいて倒れた拍子にテーブルで頭を打ったようでした。幸い、間一髪のところで間に合って、彼女を救急病院に搬送してもらうことができました。

テスおばさんは順調に回復し、自宅に戻ることができました。ただしビブの方は、あまり朗報とは言えません。姪の家の窓ガラスをたたくという労作は負担が重すぎ、ビブはその場で力尽きて、死んでしまったのです。たたいていた窓のそばで、その小さな亡骸が見つかりました。テスおばさんたちはビブの死に深い悲しみを覚えました。しかし、それが無駄な死ではなかったことはわかっていました。もしビブが可能な唯一の方法で勇敢にも急を告げなかったら、テスおばさんは死んでいたでしょう。忠実なペット、ビブは尊い犠牲を払ったのです――主人であり友人である人の命を救うために。

イルカのビーキー ダイバーを救う

イルカは特に知能が高い哺乳類で、この魅力的な動物は確かに人間との交流を楽しんでいるように思えます。しかし時には、この関係が単なる遊びにとどまらず、生死にかかわる状況を伴うこともあります。たとえば、1967年のことですが、黒海でイルカの群れが人間の助けを必要としていることを漁船の乗組員たちに明確に伝えたことがありました。船を取り囲んで、ある方向に向かわせ、あるブイへと導いたのです。ブイのロープで、赤ん坊イルカががんじがらめになっていたからです。漁船の乗組員たちはすぐにそのイルカを自由にしてやることができました。すると、イルカたちは船を港までずっとエスコートして喜びと感謝の意を表しました。なぜかイルカたちは、漁師が助けてくれるだろうということを知っていたのです。

しかし、最もびっくりさせられるのは、1970年代にイングランドの岩だらけのコーンウォール海岸沖合に住んでいたバンドウイルカ、ビーキーの話です。野生動物にもかかわ

人は、ダイバーのキース・モネリーの命を救った元気あふれる勇敢なイルカ、ビーキーほどすばらしい友を持ったことがない。

らず、ビーキーはもう長年地元の子どもたちやダイバーにとってはおなじみの見慣れた光景になっていました。体長3.6mのこの驚くべきイルカは、少なくとも4人の命を別個に救ったと考えられています。1人は、救命胴衣を着けずに船から海に落ちた貨物船の乗組員。もしビーキーが救出までその船員が沈まないように支えていなければ、きっと彼は命を落としていたでしょう。しかし、最も感動的なものは、1976年にペンザンス沖でダイビングをしていたキース・モネリーというダイバーに関する報告です。

遭難信号

キースは経験豊富なダイバーでしたが、このときは荒海で苦境に陥りました。救命胴衣に水が入り、ダイビング・ウエイト（おもり）を投げ捨てたにもかかわらず、浮いているのが困難になっていたのです。身の危険を感じたキースは、ダイビング遭難信号——握りこぶしを振る——を使って救助を緊急に要請しました。仲間のダイバー、ヘイゼル・カーズウェルがそれを見て、キースの異常に気づき、助けようとしました。しかし、彼女が近づくことさえままならないうちに、別の救助者が力強く泳いで助けに来たのです。ビーキーです。どこからともなく現場に現れたビーキーは、なぜかキースの遭難を知っていました。そして、沈まないように苦闘するキースの体の下にすばやく入ると、力強い鼻先で、この遭難したダイバーをくり返し海面に押し上げました。何度も何度も、キースが海に沈むたびに、ビーキーは彼の体を押し上げたのです。この助けがなければ、キースは荒海に飲まれていたかもしれません。それどころかビーキーは、ヘイゼルが救助隊を伴って助けに泳いで来られるまで、このダイバーが沈まないようにしていたのです。ヘイゼルが来たときでさえ、ビーキーは付近にとどまって、救助艇が到着するまで、2人のダイバーが海面に浮かんでいられるかどうかを確認していました。もはや自分が救命の手助けをする必要はないとわかってようやく、ビーキーは泳ぎ去ったのでした。

ブタのルル 車を止める

ルルは変わり種のペットでした。ベトナム・ポットベリー・ピッグというミニブタだったのです。もともとは、米国ペンシルヴェニア州ビーヴァー・フォールズ出身のジョー＝アンとジャックのアルツマン夫妻が、彼らの成人した娘ジャッキーのためにプレゼントとして買い求めたものでした。しかし、ジャッキーは家にブタがいる生活が気に入らず、一度週末に「ベビーシッター」を務めただけで、ジョー＝アンとジャックがルルを自宅に連れて帰ることになったのです。子ブタのときは1kg前後でも成ブタは68kgにまで成長するというのに、夫妻はそのブタがとても気に入り、自分たちで飼うことにしました。そしてその後まもなく、夫妻はその決断をして本当によかったと思うことになるのです。

ベトナム・ポットベリー・ピッグのルルは、普通ではあり得ないヒロインだったかもしれないが、ジョー＝アン・アルツマンの命を救うにはどうしたらよいのかを心得ていた。

　1998年8月のある日、自宅にいたジョー＝アンは、激しい胸の痛みを感じて倒れました。以前にも経験があったので、それが心臓発作であることがわかりました。どうすることもできず床に横たわったジョー＝アン。苦しくて、助けを呼ぼうにも電話まで行くことができません。このままひとり死んでいくのかという恐怖が襲ってきました――厳密には彼女はひとりではなかったのです。彼女の苦痛を感知して、ルルが様子を見にやってきました。大粒の涙がその鼻を伝って落ち始め、ルルはとても異様な音を響かせました。ジョー＝アンはブタが彼女のために泣いているのだということに気がつきました。しかし、ルル

は悲しみの気持ちを表すためにやって来ただけではありませんでした。自分の主人が緊急に助けを必要としていることを認識し、犬用出入り口のついた裏口に向かって全速力で突進したのです。そんな上品な穴から出るには大きすぎたにもかかわらず、ルルは皮膚を傷つけながらも、何とかして体を押し込んで通り抜け、裏庭に走り出ました。裏庭では、門扉をこじ開け、通りに走り出ました。ルルはこれまで自分だけで家を離れたことはありませんでした。必ず引き綱つきだったので、こういう戸外の経験は戸惑いがあったはずですが、とにかく、ルルはどうしたらいいのかをちゃんと心得ていたのです。

助けを呼ぶ

通りで車が近づいてくるたびに、ルルはその前に飛び出して、寝そべりました。ルルはこの異常な行動を何度も繰り返しましたが、ほとんどのドライバーは血だらけのブタを避けて通過しました。時々、ルルは家に駆け戻って――犬用出入り口から――ジョー＝アンの様子を確認してから、また道路に駆け戻りました。ようやく、何回も試みた末に、ルルはあるドライバーを停止させることに何とか成功したのです。ルルの身を案じたそのドライバーは、様子を見に車から降りてきました。ルルが計画の次の段階を実行に移したのは、このときでした。ドライバーの男性が近づいてくると、ルルは跳ね起きて、家に向かいました。怪訝に思ったドライバーがあとについて来ることを確認しながらです。家に近づいたその男性はドア越しに、お宅のブタがたいへんですよと叫びました。驚いたジョー＝アンは、実はたいへんなのは自分の方だと答え、救急車を呼んでほしいと頼みました。助けが到着して、ジョー＝アンは病院に救急搬送されました。医師によると、あと15分遅かったら危なかったそうです。実際のところ、回復は順調でした。

一方のルルは、犬用出入り口で打撲傷や切り傷を負っていても、ジョー＝アンとともに救急車に乗り込もうとしたのですが、救急隊から、それはいくら何でも少し度を超していると阻止されてしまいました。でも構いません、もうすでにやるべきことはやっていたのですから。危険を察知して、ルルが飼い主の命を救ったことに間違いはありません。アルツマン夫妻は、この驚くべき動物を飼っていて本当によかったと思ったのでした。

おわかりいただけると思いますが、自分が愛する人、あるいは家族を助けたいと思うのはペットの当たり前の欲求です。人と動物のあいだに目に見えない絆が育まれ、ペットのそういう欲求が飼い主の救助にまで発展するというのは、通常は家族内のことです。しかし中には、それまで一度も会ったことがなかった、そして二度と会うことがないかもしれないにもかかわらず、人助けをする特別な動物がいるのです。スコッティがそういうペットでした。

スコッティは人なつっこい雑種犬で、バッファロー国定河川にほど近い、米国アーカンソー州オザーク山岳地域で家族と一緒に暮らしていました。川の周辺の土地は、合衆国のこのあたりでは最も魅力的な手つかずの自然が残る地域のひとつで、多くの野生動物が生息し、つねに観光客に人気の険しい地形が臨めます。この地域はかなり安全とはいうものの、夜間や冬期には、子どもがひとりでさ

スコッティに救われて

まよい歩いてほしくない場所です。しかし、それが不幸にして、ある家族に起こったのです。その家族は小春日和を利用して河川地域を散策していました。しかし、午後遅くに、里子のミスティ・ヘイガーがどういうわけか一行からはぐれてしまったのです。散策に出ていくらも経たないうちに、ミスティが大自然の中で道に迷い、すぐに彼女がいないことに気づいた家族は捜索してもらうために救助隊に連絡を取りました。家族やその道の専門家が心配するのも当然でした。日中は驚くほど暖かだった気候が、今や急激に気温が低下。さらに悪いことに、天気予報ではその夜は吹雪になるというのです。それなのに、ミスティの着ているものと言えば、薄手のジャケットと同じく薄手のズボンだけでした。

大自然の中で小学生のミスティが
道に迷い、家族は最悪の事態を恐れた。
しかし、犬のスコッティは
その少女が森の危険を
切り抜けられるよう手段を講じた。

時間との競争

悪天候との競争であること、そしてミスティが独力で夜を切り抜けられる見込みは薄いことがわかっていたので、救助隊は迅速に行動に移りました。最新の赤外線熱イメージング装置を搭載したヘリコプターが投入される一方、総勢100人の捜索隊はブラッド・ハウンドの使用で強化されました。しかし、すっかり日が暮れても、まだミスティは見つかりませんでした。

捜索隊は知らなかったのですが、実はミスティは安全に保護されていたのです。ミスティが迷子になった場所からそう遠くないところに、スコッティは住んでいました。単独で散歩にでかけていた、この白いモップのような犬は、すぐに彼女の存在を察知して、助けに行ったのです。その長く寒い夜のあいだ中、スコッティはミスティのすぐそばに寄り添い、彼女がその厚い被毛に体を寄せて暖を取れるようにしました。さらに驚いたことには、スコッティは少女がそれ以上歩かないように靴を隠しておいたようなのです。それによって、彼女があてどなくさまよって、救助の手からますます遠ざかってしまうのを防いだのです。そんなわけで、翌日、安否を気遣う捜索隊によって川のそばで発見されたとき、ミスティはスコッティの暖かい被毛に包まれて無事でした。彼女が見つかって、みんなは喜びの涙を流し、心から安堵したのですが、スコッティ自身は大騒ぎを嫌いました。夜中の友人が無事であることがもうわかると、スコッティはミスティやその家族、捜索隊が抱き合うに任せ、静かに帰っていきました。やるべきことはやったのですから。

機材をちゃんと慎重に使えているかどうかをチェックせず、ばかなことをしたと後悔する事故が、時々起こるものです。マイク・グレンにとって幸いだったのは、自宅で車の修理をする自動車所有者がよく経験する事故に遭った彼を、ペットのスプリンガー・スパニエル、ブランディがそばにいて助けてくれたことです。

ブランディはそれまで一度も電話機を取ってきたことはなかったが、主人が身動きの取れない状態に陥ったときにはそれをやってのけた。

この話は、米国オハイオ州ショーニー出身のマイクが、自宅で自家用車のオールズモビルの整備作業をしていたことから始まります。オイル交換とタイヤ修理が必要だったので、マイクは車をジャッキで持ち上げて、車の下にもぐり込みました。すべては順調に進んでいたのですが、1本のタイヤを外したそのとき、整備士にとっての悪夢が起こりました。ジャッキが外れたのです。一瞬にして、マイクは重い車の下敷きになりました。車体に押しつぶされなかったとはいえ、地面に強く押さえつけられていて、はい出ることは不可能。絶望的な状況でした。マイクの妻シンシアは外出中で、何時間も戻らないのです。一方、日が暮れようとしていて、日が暮れれば寒くなるでしょう。近所の人の助けはあまり期待できませんでした。マイクとシンシ

ブランディ 飼い主を救う

アが住んでいるのは、
数百メートルごとにしか家がない静かな暗い通りだからです。かなり長いあいだ車の下から出られないのではないかと、マイクは心配しました。いったいどうすれば脱出できるのか?

手話

しかし、助けは間近に存在したのです。一家は、スプリンガー・スパニエルのブランディをはじめとする多くのペットを飼っていました。ブランディはもうすでに異常に気づき、マイクがいるところにやってきて、その隣で体を丸めて横たわっていました。少なくとも、マイクが方法を考えるあいだ、ブランディはマイクの体を温める役には立ちました。まもなく、いい考えが浮かびました。シンシアは聴覚障害があるため、手話がわかり、ブランディにいくつかのサインを教えていました。そういうわけで、マイクは手話を使って犬に電話機を取ってこさせることができるのではないかと思ったのです。しばらくのあいだ、犬はマイクが何を要求しているのか理解できずに苦しみました。シンシアが電話機を表す手話を教えていなかったので、マイクのこの仕草はひどく奇妙に映ったのです。そのとき、突然、ブランディは飼い主の求めるものを理解しました。そして、家の玄関に駆け込み、電話機を口にくわえました。ありがたいことに、コードが長かったおかげで、ブランディは電話機をマイクのそばに落とすことができました。感謝して、マイクは義母に助けを求める電話をかけました(ばかなことをしてしまったという思いから、911には電話せずに)。しかし、義母が救急サービスに電話をしてしまい、救急医療隊員と消防士が暗がりの中、彼の救助に駆けつけました。

幸いにして、マイクはその苦難の割には傷を負っていませんでした。ブランディについて言うと、ブランディはマイクが苦境に陥っていることを悟り、助けるために必要なことをしたのです。いったいどうしてマイクの心が理解できたのかはわかりません。興味深いのは、ブランディがそれまで一度も電話機を取ってきたことがなかったということだけでなく、もう一度それをさせることもできなかったということです。ブランディが電話機を取ってきたのは、その一度きり——マイクが切実に彼女の助けを必要としていたときだけだったのです。

トリクシーの忠誠心

ジャック・ファイフは、オーストラリア・シドニーで、ひっそりと、ほとんど人との交流のない生活を送っていました。妻を亡くして以来、75歳の老人の唯一の友は、ボーダー・コリーとケルピーの混血犬トリクシーでした。他の人に会ったり、話をしたりすることなく、毎日が過ぎていきました。

トリクシーがよき相棒だったジャックは、この孤独が気に入っていましたが、それほど徹底したひとり暮らしには明らかに危険がありました。1999年のある夏の朝、目を覚ましたジャックは突然、そうした危険性の意味を悟りました。夜のあいだに脳梗塞を起こし、半身が麻痺していたのです。ベッドから出ることができず、ジャックは猛烈な不安を覚えました。娘がパーティーに招待してくれていたので、娘は彼が出席するものと思っているだろうが、問題はそのパーティーが9日も先で、それまで誰も彼の姿が見えないことに気づかないだろう、ということでした。すでにジャックは、目覚めてまもなく喉の渇きを覚えていました。水なしで、どうやってその間生き延びればいいのだろう？　じわじわと恐怖に襲われ、彼は助けを求めて叫び始めました。けれども、彼の悲

ジャック・ファイフがひとり自宅で身動きできずに9日間も生き延びられるとは思えなかったが、それは彼の忠犬トリクシーが計算に入っていなかったからだ。

しげな叫びを聞きつける人は周囲に誰もいませんでした。もちろんトリクシーを除いての話です。トリクシーは異常に気づいて、ジャックのところにやってきていました。なぜ主人はいつものようにベッドから起き上がらないのだろう？　しばらくのあいだトリクシーは、ただそばにいることで慰めようとするかのように、ジャックのそばに寝そべっていました。老人の方は、時々眠りに落ち、目を覚ましてはまた恐怖に襲われていました。気温が上がり、ジャックの渇きは耐えがたいものになっていました。

水を必要としている

　切羽詰まって、ジャックはもう一度「水、水」と叫びました。叫んだところでどうにもならないことは、もちろんわかっていました。しかしそのとき、思いがけなく、不思議なすばらしいことが起こったのです。トリクシーはキッチンに入っていき、タオルを口にくわえました。それから、そのタオルを自分の水飲みボウルまで持って行き、水に浸してから、ジャックの寝室に持ってきたのです。老人は感謝してタオルから水を吸って口に入れ、からからの喉を伝う1滴1滴を味わいました。トリクシーは水飲みボウルが空になるまでこれを繰り返しました。そして水がなくなると、同じ芸当を便器の水で行いました。この信じがたい行為が1週間以上続きました。

　たまに電話が鳴ったり、郵便物が郵便受けに入れられたりしました。しかし、家には誰も来ませんでした。その間、毎日、トリクシーはタオルで、病床の主人に定期的に水の供給を続けていました。そして9日後、ジャックが必死で願ったように、パーティーに出席しなかった彼を娘が心配し始めたのです。とうとう娘が家にやってきました。彼のひどい状態を見た娘は、ただちに救急医療隊員を呼び、彼は病院へ救急搬送されました。

　病院に入院すると、ジャックはその苦難からゆっくりとですが、確実に回復しました。トリクシーの働きがなければ、ジャックがその9日間を切り抜けられなかったということを、疑う者はいませんでした。トリクシーが何がジャックの問題で、何をすべきかをどうして知ったのかは、誰にもわかりません。しかし、トリクシーは人が望みうる最高の忠実な友だということを、ジャックは知っていました。

カモメのナンシーのめざましい人命救助

動物が人間と何らかの絆を結ぶのに、必ずしもペットである必要はありません。人が親切や敬意を示す行為を行っただけで、十分動物は人との特別な絆を感じることがあるのです。レイチェルとジェインのフリン姉妹と驚くべき灰色のカモメの場合がそうでした。

その老姉妹は米国北東部ニュー・イングランドのケープ・コッドの近くで同居生活を送り、すばらしい風景と美しい海の眺めを楽しんでいました。また、姉妹はその荒涼とした地域に豊富に生息するさまざまな野生動物を見るのも楽しんでおり、定期的に一部の動物や鳥にえさを与えていました。特に、定期的に2人のもとに戻ってくるように思われる灰色のカモメにえさを与え、そのカモメとはナンシーと命名するほどのなじみになっていました。

レイチェルもジェインも散歩好きでしたが、高齢なので、注意しなければなりませんでした。散歩道の一部が非常に危険で、上の崖から眼下の浜までが切り立った急斜面になっていたのです。1980年のある日、82歳のレイチェルは、ひとりで散歩をしていたときに、そういう危険な散歩道でつまずいてしまいました。あっと思ったときにはもうどうしようもなく滑って、崖っぷちを越え、崖から9mほど転落して、崖下の浜にドスンと着地しました。しばらく彼女は気絶して横たわっていましたが、やがて事態を把握し始めました。痛みがひどくて動けず、そうなると助けを呼ぶことができません。というのも、周囲には誰も人がおらず、一番近い家は自分自身の家で、それも1.6km離れているからです。でも、助けが得られなければ、この荒涼とした、雨風を遮るものもない場所で死ぬかもしれないと、彼女は思いました。

崖から転げ落ちたレイチェル・フリンは、最悪の事態を恐れたが、彼女がよくえさを与えていた人慣れたカモメのナンシーが助けを呼んでくれた。

知らせを受けた妹

最悪の事態を恐れ始めた頃、レイチェルは1羽の鳥がほぼ真上でじっと浮いていることにふと気がつきました。見上げると、それは灰色のカモメで、ビーズのような目で彼女を凝視しているようです。もしかして、これはあのカ

モメ、私とジェインがよくえさを与えているカモメ？　確信は持てませんでしたが、もうやけになっていた老婦人は鳥に向かって叫びました。「ナンシー、お願いだから、助けを呼んでちょうだい！」その言葉を受けて、灰色の鳥は飛び去りました。

数分後、キッチンで用事をしていたジェインは、窓のところで変な音がするのに気づきました。外を見ると、灰色のカモメが翼をばたばたさせて、くちばしでガラスをたたいています。不思議なドキッとするような光景でした。ジェーンがお腹を減らしたナンシーだろうと思ったその鳥は、どうしても飛び去ろうとはしません。その音が15分も続くと、ジェーンは、鳥がこんな行動をするのは空腹以上の何かがあるのではないか、という気がしてきました。ジェインが外に出ると、ナンシーは少し離れたところまで飛び去りましたが、ジェインが近づくたびに、そのカモメはもう少し離れたところまで飛び去り、ジェインについてこさせようとしているかのようでした。1.6kmほど進んでようやく、そのカモメは逃げるのをやめ、崖っぷちに止まりました。崖の端からのぞき込んだジェインはすぐさま、レイチェルが崖下でたいへんなことになっていることを見て取りました。

大声で呼びかけて、姉を安心させ、落ち着かせると、ジェインは急いで家に戻って消防署に電話をかけました。それによって、レイチェルは速やかに救助されました。幸い、レイチェルのケガはひどい打ち身と膝をねじっただけですみましたが、もしナンシーの働きがなければレイチェルは死んでいた可能性もあることを、老姉妹は理解していました。ジェインが言ったように、「あんなふうにナンシーが窓辺に来て、騒ぎ立てたなんて、ただただ信じられません」。

戦時には、さまざまなペットが、いつ空襲警報つまり敵の爆撃が起こるのかを予測するのに、非常に役立っていました。第二次世界大戦中、ドイツの爆撃が多くの英国の市や町を襲っていた頃には、とりわけ猫がいつ空襲が起こるのかを予測するのがうまいと考えられていました。そのため、猫は多くの命を救ったとされました。ドイツのライプツィヒには、1943年の連合国の空襲が起こる2時間前までにそれを予測できたオウムがいました。新しいところでは、1991年、イスラエルで、ある犬が第一次湾岸戦争中にミサイル攻撃の警報が起こる前にそれを予言するとして知られていました。

第二次世界大戦中の友情のお返し

最も驚くべき、そして感動的な話のひとつに、第二次世界大戦中の野良猫の話があります。そのトラ猫は、ドイツの中世都市マクデブルクに住んでいました。エルベ川のほとりにあるこの美しい街は、戦争中に最も激しく爆撃を受けたドイツ都市のひとつで、美しい大昔の大聖堂さえも失いました。このトラ猫は、名前は記録に残っていませんが、その街で野良猫として暮らしていました。おそらくは、連合国の空襲によってホームレスになった多くの

仲良くなった野良猫が不可解にも自宅に現れたことは、まだ眠気の覚めやらぬそのドイツ人にとって驚きだった。しかし、そのトラ猫は彼の命を救うためにやって来たのだった。

ペットのうちの1匹でしょう。トラ猫はある中年のドイツ人男性と仲良くなりました。その人は職場近くでトラ猫を見かけると、いつもなでてやってかわいがっていました。

おかしな引っ掻く行動

1944年のある朝、その男性が自宅でひげを剃っていると、玄関口で猫が大きな声で鳴いているのが聞こえました。ドアを開けると、驚いたことに、いつも相手になっている野良猫がいました。彼が驚いたのは、この猫は街の反対側の彼の職場近くで暮らしていたからです。その上、この猫が彼の住んでいる場所を知っていたとは思ってもいませんでした。その男性の困惑は猫のおかしな行動によって深まります。普通なら冷静でおとなしい動物であるはずの猫が、何と大声で鳴いて、男性のズボンを引っ掻いているのです。よくわからないが、その猫はあとについてこさせようとしているようでした。ひょっとすると、家が必要な子猫でもいるのだろうか？　そこで、急いで服を着ると、男性は家を出て、通りの向こうへ野良猫のあとを追いかけて行きました。道中、猫は男性がまだついてきているかどうかを確認するかのように、何度も後ろを振り返りました。結局、800mほど行ったところで猫が立ち止まり、男性はまだ困惑の態であたりを見回しました。何かを探せということだろうか？　ちょうどそのとき、頭上で英国空軍のランカスター爆撃機の紛れもない音が聞こえました。例によって例のごとき奇襲攻撃が始まったのです。見る見るうちに、最初の爆弾が英国機から投下されました。家並みが吹き飛び、その中には彼とこの不思議な野良猫が出てきたばかりの家も含まれていました。ただの野良猫に対するこの男性の友情と気遣いに感激したこの猫は、男性の命を救うことによって報いたのでした。

アイビーと仲間たち
迷子の少年を救う

物語の舞台は、1990年6月、米国ニュー・メキシコ州。ジェイムズとアンジーのマン夫妻はアルバカーキ西部の山で休暇を楽しんでいました。夫妻は2歳になる息子アーネストと飼い犬アイビーとともに、ログハウスに滞在していました。しかし、ある日の午後、アーネストがどこかへ行って行方不明になってしまったのです。ジェイムズとアンジーはすぐに少年を捜し始めましたが、アイビーも行方不明になっていることに気づきました。2時間捜して、成果なし。ひどく心配した夫妻は地元の保安官を呼び、まもなく、副保安官たち、州警察、ボランティア、ブラッドハウンドで組織する、大がかりな捜索救助活動が始まりました。

救助隊も、ジェイムズとアンジーも、みんなが懸念する点が2つありました。まず第一に、気温です。日中は暖かいとはいえ、山の夜の気温は夜間や早朝に氷点近くまで下がることがあるのに、アーネストは薄い木綿の服しか着ていません。第二に、アーネストと犬が野生動物に襲われた可能性があることです。このあたりは、コヨーテ、クロクマ、マウンテン・ライオンさえもいることで知られています。そのため、捜索は時間との闘いでした。日暮れになってもまだ少年も犬も見つからず、取り乱したジェイムズとアンジーは、息子の発見を待ちわび、あれこれ思いを巡らすという、ひどい一夜を過ごさなければなりませんでした。明け方には、軍のヘリコプターや騎乗のボランティアを投

2歳のアーネストが行方不明になったとき、両親は最悪の事態を恐れた。しかし、アイビーとその仲間が寒い夜のあいだ代わる代わる幼子の体を暖めていた。

入した、さらに大規模な捜索が始まりました。しかし、刻々と時が過ぎる中、救助隊はアーネストを生きて発見できる見込みが急速に薄れていくのを自覚していました。それでも、まだチャンスは残されていたのです。

暖める

アーネスト発見の兆しがないまま、朝の遅い時間に、救助隊のメンバーの1人が森の中の空き地を捜索していると、1匹の黒い犬が森から出てきました。そして、救助ボランティアに静かに歩み寄り、その男性の腕を軽く噛んで、ゆっくりとある方向へ引っ張っていこうとしました。その救助ボランティアは動物に詳しかったので、うろたえることなく、その犬が何かを伝えようとしているのだと気づきました。一緒にしばらく歩いていくと、奇妙な光景に迎えられました。目の前に、幼い少年が横たわり、黒い斑点のある白い犬（アイビー）と別の犬（知らない犬）に挟まれて、心地よく眠っていたのです。案内してきた黒い犬もまた、朝の寒さからアーネストをさらに防護するように少年の隣に座りました。この時点で、2歳の少年が目を覚ましました。明らかに疲れて、頭が混乱している様子でしたが、もう大丈夫だということがわかって大喜びしました。同じように大喜びの救助隊員たちに向かって、少年はこう告げました。「ワンちゃん！暖かいよ！」

実際、犬たちは暖かかったのです。アイビーが組織した犬トリオは、命にかかわるほど寒い夜のあいだ中、アーネストの体を暖めていたようです。アーネストが安全なところに運ばれると、2匹の野良犬たちは、仕事は終わったとばかりにふらりとどこかへ行ってしまいました。危機に際して、アイビーは何をすべきかちゃんと心得ていました。仲間のちょっとした助けを借りて、アーネストが何とか無事に夜を過ごせるようにしたのです。

スモーキー恩人を救う

ナイジェル・エサリントンは道端で見つけた傷ついたワラビーを助けることにしたとき、命を救う恩返しをされるとは思ってもみなかった。

「よい行いをすれば、よい報いがある（善因善果）」という古いことわざがあります。この表現は普通、人と人の関係について言い表しているのですが、同じように人と動物にも当てはまる場合があるのです。

ナイジェル・エサリントンは、ウエスタン・オーストラリア州パース市郊外で農業を営んでいました。生活のために家畜の世話をするだけでなく、ナイジェルはちょっとした動物愛好家でした。実際、毛がふかふかした動物のこととなると、彼は驚くほど思いやりがありました。そういうわけで、1996年12月のある晩、ナイジェルが困っている動物に対して良きサマリア人になったとしても、少しも意外なことではありませんでした。彼は道端で何かがもがいているのと見て、自宅から遠くないところでトラックを止めました。車から降りてみると、もがいているのがワラビーであることがわかりました。ワラビーはカンガルー科に属する動物で、同じ有袋類の他の種よりも一般的に小型です。このワラビーは明らかに車にはねられていました。おそらく、その運転手はわざわざ車を止めることもなかったのでしょう。オーストラリアの道路では、ワラビーやカンガルーによくあることです。オーストラリアの農家の人はワラビーを有害動物と見なしていますが、ナイジェルはそのワラビーを家に連れて帰ることにしました。そのまま薮に放置していけば、殺されるか、ショックや渇きで死んでしまうからです。かくして、ナイジェルはケガをした動物をそっと車に乗せて、農場に戻りました——ワラビーは抵抗するには衰弱しすぎていました。

間一髪で難を逃れる

家に帰り着くと、ナイジェルはワラビーのケガにできるだけの手当をして、飲み水と少量の食物を与えました。ワラビーの回復に一番よいのは適切に休養させることだということも、彼は心得ていました。適切な休養が事故のショックを克服するのに役立ちます。そういうわけで、その晩は傷ついたワラビーをバスリームの快適な場所に残して立ち去りました。ワラビーがその夜を乗り切れるかどうかは、時が経ってみなければわかりません。それまでのあいだ、ナイジェル自身は床につきました。

しかし、ナイジェルはあまり眠れませんでした。早朝、突如として、ドアをドンとたたく大きな音に起こされたのです。一瞬、ナイジェルはその音を無視しようとしましたが、ドンドンたたく音が続くので、起き上がってドアを押し開けました。開けてびっくり。目の前に、小さなワラビーがいたのです。ワラビーが懸命に彼の寝室のドアをたたいていたということです。ワラビーの背後に、家中に立ちこめる煙が見えました。電気系統の故障から予備の部屋で火災が発生して、炎が家全体を焼き尽くしそうになっていたのですが、ナイジェルは必死で跳びはねて後ろからついてくるワラビーとともに、辛くも火災から避難することができました。外に出るやいなや、ナイジェルは気づきました。煙で目を覚まして、火災を発見したワラビーが、自分だけすぐ逃げることもできたのに、その前に、道端で自分を助けくれた人間、ナイジェルを起こそうと決意したということに。ナイジェルは、ワラビー（現在はスモーキーと命名されている）の行動がもたらしたものについて、疑いを持ちませんでした。「もしワラビーが起こしてくれなかったら、自分は死んでいただろう」とだけ彼は語りました。スモーキーはナイジェルの善行に報いたのです。

Sawu Sea
Timor
Sea
Kupang
Bathurst
Melville
Darwin
Nhulunbuy
Gulf of
Carpentaria
Groote
Eylandt
Daly Waters
Barkly Tableland
Tennant Creek
TERRITORY
Cape
York
Peninsula
C. Melville
Great
Barrier
Reef
Cooktown
Cairns
Innisfail
Croydon
Normanton
Ingham
Townsville
Bowen
Mackay
CORAL SEA
ISLANDS TER.
Rockhampton
Gladstone
Monto
Taroom
Chinchilla
Dalby
Broome
Fitzroy
Goldsworthy
Port Hedland
Marble Bar
Dampier
Great
Desert
Lake
Mackay
Alice Springs
Macdonnell Ranges
Amadeus
Simpson
Desert
Mt. Tom
Price
1235
WESTERN
Desert
A U S T R A
Ayers
Rock
867
Musgrave
Ranges
SOUTH
Wiluna
Carnegie
AUSTRALIA
Great Victoria Desert
Murchison
Eucla
Ceduna
Great Australian Bight
Perth
Fremantle
Collie
Bunbury
Naturaliste
Augusta
C. Leeuwin
Albany
Wagin
Ravensthorpe
Esperance
Arch. of the
Recherche
SOUTHERN
OCEAN
Sydney
Wollongong
Cape Howe
Furneaux
Group

4章

生と死の境界を越えて

死は生命の終止符です。しかし、死は終わりを意味するのではなく、ただ単に新しい始まりであると、多くの人が信じています。

ペットも同様です。私たちがペットと分かち合っている愛情や友情は、死によって簡単に消し去ってしまうことはできません。ペットは越えがたき生と死の境界を越えてもなお、愛する人たちとコンタクトを保つことができるのです。愛情や友情を再確認するメッセージをもたらすときもあれば、私たちにタイムリーな警告を与えてくれるときもあります。それどころか、私たちを救うために舞い戻ってくることもあります。人を思いやる心が強いペットにとって、死はまったく障害とはならないのです。

ペットは遠く離れていたとしても、愛する人が亡くなったときがわかるようです。とにかく、直感的にわかるのです。たとえば、スイス出身のフランク・パルファーという青年が飼っていた雄猫の驚くべき話があります。フランクは船のコックで、長期間家を離れましたが、その猫はいつも彼がいつ休暇で帰宅するのかわかっていました。フランクが不在中のある日、その猫が物悲しい声で鳴き始め、フランクの部屋に入れてもらいたがりました。そんなことは初めてでした。2日後、フランクが約11,200km離れたタイ近海で航海中に亡くなったという悲報が、家族のもとに届きました。猫は主人がこの世を去ったちょうどそのときから、奇妙な行動を取り始めたのでした。

ホリーはスミス氏と特別なつながりを持っていた。亡くなったとき、その老人の魂は友達づきあいをしていたラブラドールに別れを告げに来た。

ホリーの最後のあいさつ

動物は飼い主でなくても、その人の身に起こったことを知ることができる場合があります。ホリーというゴールデン・ラブラドールの場合がそうでした。この犬種の多くがそうであるように、ホリーは賢

くて知能の高い犬でした。飼い主は英国バーミンガム在住のジョンソン家でした。そしてジョンソン家の近くに、スミス氏という老紳士が住んでいました。年齢は80代、この界隈での暮らしもかなり長い年月になります。スミス氏はホリーと遊ぶのが好きで、時々ごほうびに犬用ビスケットをごちそうしていました。あるとき彼が飼い主家族に漏らした話によると、彼はかつてホリーと非常によく似た犬を飼っていて、ホリーと遊んでいると若い頃の思い出がよみがえってくるのだということでした。

特別な友情

その友情は友情で返され、ホリーは老人が訪ねてきたときや、通りで会ったときにはいつもその交流を楽しみました。それどころか、まもなく飼い主家族が気づいたことですが、ジョンソン家ではスミス氏が訪ねてくるのを前もって知ることができるようになったのです。というのも、その数分前に、ホリーが玄関のドアのそばで激しく尻尾を振って、興奮したように吠えたからです。このような態度はほかの誰に対しても見せませんでした。

ホリーと老人の特別な関係はしばらくのあいだ続きました。そして、1995年のある日の早朝、キャロリンとスティーヴンのジョンソン夫妻は、興奮したように吠える犬の声で起こされました。ホリーです。階下に駆けつけてみると、ホリーが玄関のドアのそばで尻尾を振って吠えていました。ちょうどスミス氏が訪ねてくるときにするようにです。まだ半分寝ぼけた状態で、ジョンソン夫妻は、こんな時刻に老人が訪ねてくるのは何かトラブルでもあったのだろうかといぶかりました。ところが、ドアを開けたとき、通りに人影はありませんでした。

朝も遅い時間になって、キャロリンとスティーヴンはその悲報を聞きました。前日の夜、スミス氏は具合が悪くなって、病院に担ぎ込まれたものの、容態が悪化し、結局、その朝3時に亡くなったというのです。ジョンソン夫妻はその時間の意味がすぐにわかりました。ホリーが吠えて尻尾を振り始めたときが、3時だったのです。ホリーは、この世を去る友人のスミス氏に最後にもう一度あいさつをしていたのでした。

テリアのサムの守護天使

飼い主を助けるためにあの世から戻ってきたペットについては、多くの話があります。しかし、その反対のことが起きることもあるのです。オルガ・ダキンと彼女の愛犬サムの話がその一例です。

重病を患い、入院せざるを得なくなったとき、オルガが一番寂しく思ったのが、ウエスト・ハイランド・ホワイト・テリアのサムと一緒にいられないことでした。英国マンチェスター出身の霊媒であるオルガは、サムを熱愛し、ベッドの横にその写真を置いていました。幸運だったのは、自分がそのテリアをどんなに愛しているかという話を看護師の1人とすることができたことです。彼女もこの愛すべき犬種への愛着を持ち、同じ犬種を飼っていたのです。数週間の時が過ぎ、オルガはどんどん衰弱し、ついに1990年のある日、帰らぬ人となりました。彼女の死去に伴って処理しなければならない多くの問題に、サムをどうするかという問題がありました。悲しみに沈むオルガの息子ゲアリーは、母親の飼い犬をとても気に入っていましたが、一日中働いていました。そして、そんなに長時間ひとりぼっちにするのは犬にとってよくないということは、彼も承知していました。そういうわけで、サムはゲアリーの知り合いのヘレン・ルークに託されることになりました。ウエスト・ハイランド・テリアが大好きな彼女なら、きっとその小さな犬によい家を与えてくれるでしょう。まもなくサムは、マンチェスターにあるヘレンの家に落

ウエスト・ハイランド・テリアのサムが街なかで迷子になったとき、彼を見守る守護天使がついていたことを誰も知らなかった。

ち着き、また楽しく暮らし始めました。ところがある日、ゲートが開けっ放しになっていたため、好奇心旺盛なテリアは交通量の多い通りに逃げ出してしまいました。ヘレンはサムが近くで交通事故に遭うのではないかと心配し、ゲアリーに電話しました。2人は一緒に近くの通りを捜索しましたが、幸運に恵まれませんでした。夜の帳が降りてもまだサムの行方は知れず、ヘレンとゲアリーは最悪の事態を恐れました。

その夜、ある女性が車で交通量の多い道を通って帰宅中に、何の前触れもなく突然、車を止めなさいという声を聞きました。雨降りで、外は暗く、早く家に帰りたかったにもかかわらず、女性は車を止めて外に出ました。

霊的な導き

私は何を探しているのだろう？　こんな人けのない場所に来てしまった不思議な衝動は何だったのだろう？その答えはすぐにわかりました。茂みの中に、小さな白い犬が横たわっていたのです。その犬、ウエスト・ハイランド・テリアは明らかに車による傷を負い、ショックで震えながら道端に横たわっていました。犬を抱き上げると、首輪からその犬がサムという名前であることがわかりました。ケガをした犬を家に連れて帰り、暖かくして体を乾かしてやると、まもなく犬は回復しました。その家で、サムは新しい友達まで見つけました。というのは、その女性もサムと同じウエスト・ハイランド・テリアを飼っていたからです。夜の遅い時間になって、サムが大丈夫だとわかると、その女性は首輪に記されていた電話番号に電話をかけ、ヘレンに連絡をつけました。その女性から事の次第を簡単に説明され、ホッとしたヘレンは、サムを引き取りにすぐさま車で駆けつけました。2人で雑談を交わす中で、サムを助けた女性はどんなふうに停車し、サムを見つけたかをヘレンに説明しましたが、何がそうさせたのかはやはり説明できませんでした。もしかするとサムの元飼い主のオルガに導かれたのかもしれない、彼女は霊媒だったから、とヘレンが冗談めかして言いました。オルガという名前が出ると、若い女性はびっくり仰天しました。そして、自分は看護師で、よく飼い犬のウエスト・ハイランド・テリアの話をしていたオルガという患者と、しばしば雑談をしていたのだと説明しました。もしかすると、本当に、オルガはサムの守護天使だったのかもしれません。

フラッシュ 別れを告げた馬

サムは馬が大好きで、まだ歩けもしないうちから、米国カンザス州にある一家の農場で暮らす動物たちに魅せられていました。少年は成長すると、乗馬を覚え、すぐにほとんどの馬を乗りこなせるようになりました。しかし、彼には特別のお気に入りがいました。フラッシュという焦げ茶色の馬です。フラッシュという名前は、顔面を走る白条の模様にちなんでいます。フラッシュは体は大きいとは言えないものの、性格がよく、決断力にも富んでいました。そして何よりも、サムがその馬を愛しているのと同じくらいサムを愛しているようでした。サムとフラッシュはよく農場一帯や近辺の土地で乗馬したものでした。一緒にいるといつも幸せで、たがいを気遣っているといつも信じあっていました。けれども、フラッシュが若返っていくことはないのですから、いつかはその旧友に別れを告げなければならないつらい日が来るということは、サムも承知していました。そのときを、サムは恐れていました。

雪が厚く積もった1920年代のある冬の夜、ベッドでぐっすり眠っていたサムは、何かに起こされました。暗がりの中で耳を澄ませると、しつこくドアをノックする大きな音が聞こえました。それがしばらく続いたので、少年は何の音かを調べるために階下に降りていきました。同じ考えの人がほかにもいました。

馬のフラッシュは、親友だった少年にまず別れを告げなければ、この世を去ることはできなかった。

一面を覆う雪

父やそれ以外の家族も、ドアをノックするような音に起こされて、玄関の間に降りてきていました。サムと父が注意深くドアを開けて、いったい何がそんな音を立てたのかと、外をうかがいました。しかし、闇の中に見えたものは、地面を厚く覆う白い雪だけでした。風はほとんどなく、大雪のあとにだけ起こる格別やさしい静寂に包まれています。サムと父は深い雪に目を落としました。何かの通っ

た跡や足跡があるのではないかと思ったのですが、何もありませんでした。暗さに目が慣れてくると、(何時間も前に降った)雪が乱されているところはどこにもないということがわかりました。ドアをノックする音を聞いたにもかかわらず、その夜、戸口に来たもの、あるいは来た人はいなかったようです。わけがわからないが、謎は解けなかったので、一家はベッドに戻って朝までもう一眠りしました。サムだけは横になっても眠らず、何があの音を立てたのかを考えていました。

一夜明けて、一家がいつもと変わらぬ生活を送っていたとき、サムの父が悲しい発見をしました。フラッシュが厩で横たわって死んでいたのです。サムはすぐにその場に呼ばれました。まもなく、その高齢馬が夜のうちに安らかに苦しむことなく息を引き取ったことが、地元の獣医師によって確認されました。

突然、サムと家族は、前夜、自分たちが耳にしたものが何だったのかに気づきました。その忠実な馬は自分が死に瀕していることがわかっていました。しかし、死に際してもフラッシュは、友人であり主人である、長年いつも一緒に過ごしてきた少年に、最後の別れを告げることを忘れなかったのです。深い悲しみに沈んでいたサムも、フラッシュの魂が別れを告げに来たことを知って慰めを得ました。

自分の主人（または女主人）を助けたいと思うのは忠実なペットの自然な衝動で、時として、死さえもこの衝動を止められないことがあります。たとえば、1946年に、ニューヨーク市出身のノーマ・クレスガルは、奇妙な吠え方をするコーキーというケガをした犬を助けました。その後、コーキーは感謝しながらノーマの家族とともに幸せな歳月を過ごしました。コーキーが死んで2年経ったある晩、ノーマは奇妙なのになじみのある音を聞いて目を覚ましました。コーキーの特徴のある吠え声です。それと同時に、彼女はアパートが火事になっていることにも気づき、コーキーの警告のおかげで避難することができました。

さらに印象的な話は、ルース・ホイットルセイと彼女の犬ナイジェルにまつわる話です。1940年、牧師の妻ルースは、米国カリフォルニア州ホーソーンにある病院の管理者として働いていました。それはやりがいのある仕事でしたが、肉体的にも精神的にもきつい仕事でした。多くの場合その意味は、夜遅くまで仕事をするということです。ある晩ルースは、病院に来てほしいという電話を自宅で受けました。ある患者の死期が迫っており、その最期に立ち会って、慰めを与えてほしいという要請でした。それも彼女の仕事の一部だったので、ルースは一刻も早く病院に向かうために身支度をしました。職場は徒歩圏内でしたが、その道のりはあまり安心できるものではありませんでした。というのも、明かりがほとんどなく、暗がりの道を通らなければならないところがあったからです。

極めて忠実な番犬ナイジェルは、女主人ルースを守ると固く決意していたので、彼女が暗い夜道で危機にさらされたときには、あの世からでも助けに駆けつけた。

ナイジェル あの世から助けに戻る

しかし、その夜、病院に駆けつけるとき、ルースはいろいろと考えることがあって自分の身の安全がおろそかになっていました。

慌てて逃げ出す

通りの照明のない場所を足早に歩いていたルースは、黒っぽい車が近くに止まっているのを見て驚きました。はっきりとすべてが見えたわけではありませんが、車内にがっちりした体格の男が2人乗っているのが見分けられました。狼狽し、あえて危険を冒したくなかった彼女は通りを走って逃げましたが、その車は楽々とあとを追ってきました。生命の危険を感じ、いよいよルースは怖じ気づきました。ひとりでは、2人の大男にはほとんど太刀打ちできなかったでしょう。

ちょうどそのとき、心強い姿が視界に飛び込んできました。ナイジェルでした。ナイジェルはルースが飼っていたチョコレート・ラブラドールで、力強くたくましい犬です。ナイジェルはたちまち女主人と車のあいだに割って入りました。2人の男は、車から降りるそぶりを見せていましたが、この大きな猟犬を見るや、退散することに決めたようです。車があっという間に走り去ると、ナイジェルは病院近くの安全な場所に着くまでルースをエスコートし、その後また姿を消しました。少し経ってから、落ち着きを取り戻したルースは、あんなふうにナイジェルが現れたこと自体が奇妙だったと初めて気づきました。何と言っても、彼女も夫もよく知っているように、ナイジェルは何ヵ月も前にこの世を去っていたのですから。

ペットの中には、あきらめ切れないと思うペットもいます。死が愛する家族との仲を裂いても、そういうペットはこれまで通りの行動を続けます。おそらくは、飼い主と再会できることを期待してでしょう。日本には、ハチという有名な犬がいました。ハチは仕事に行く主人を見送るために、主人と一緒に東京のある駅まで行っていました。午後5時には、主人を出迎えるために同じ駅で待っていたものです。ある日、ハチの主人は午後5時になっても帰ってきませんでした。なぜなら職場で亡くなったからです。しかし、それでもハチの駅通いを止めることはできませんでした。ハチは平日は毎日午後5時に駅に通い続けました。10年ほどのちに自らの死が訪れるまで、通い続けたのです。

ジョックの警告

あきらめ切れないと思ったペットは、ほかにも、ジョックというスコティッシュ（スコッチ）・テリアがいました。ジョックは、1960年代にニュー・イングランドでポールとジェニファーのスミス夫妻とともに暮らしていました。スミス家は忙しい家庭でした。何しろ、夫妻は修復プロジェクトの仕事に一緒に携わり、加えて、面倒を見なければならない明るく快活な2人の娘、エイミーとフランチェスカがいたからです。ジョックも立派に家族の一員でした。ジョックは自分を家族の守護者と見なしているようで、非常に機敏で有能な番犬でした。小さなテリアですが、身長の不足分は、性格と決断力で十分補っていました。いつもと違うことが起こったり、見知らぬ人が来たりすると、ジョックは必ず瞬時に気づき、鋭い吠え声で知らせたものでした。それが、長年ジョックが喜んで果たしてきた役割でした。

テリア犬ジョックの警告する
吠え声が、スミス一家を
死んでいてもおかしくないような
住宅火災から救った。
しかし、その愛すべき飼い犬は
何ヵ月も前に世を去っていた。

吠え声で目覚める

ある夜、ポールとジェニファーは特別に疲れていました。夫妻は大きなプロジェクトで一緒に働いていたのですが、それが長時間におよぶきつい仕事だったのです。おまけに、フランチェスカがひどい咳で具合が悪かったので、ここ数日は2人ともぐっすり眠っていませんでした。けれどもその晩は、とても幸せな気持ちで、長く深い待望の眠りに落ちました。

ところが朝早い時間に、ジェニファーは自分たちの寝室でジョックが吠えるような声に起こされました。直後に、ポールも目を覚ましました。暗がりの中でも、ベッドの端のところで吠えている紛れもない犬の姿が見分けられました。しかし、ジョックに声を掛ける間もなく、夫妻は別のことに気づきました。煙のにおいです。ベッドから飛び出して踊り場に急行すると、立ちこめる煙の中にちらちら炎が見えました。大急ぎで、夫妻は娘たちの寝室に駆けつけ、2人を抱きかかえ、階段を駆け下り、安全な場所へと避難しました。近隣から消防署への通報がなされたものの、家屋を救うには手遅れで、全焼。しかし、重要なのは家族全員が難を逃れたことです。ジョックについては、ジョックも火事では死にませんでした。理由はしごく単純で、ジョックはもう何ヵ月も前に老衰で死んでいたからです。生前、ジョックは家族の安全に気を配ってきましたが、死してなお同様の役割を果たしていることがこれでわかったのでした。

おばあさん猫の超常パワー

1962年7月のある夜、ウィリアムとミーナのマイルズ夫妻は、米国メイン州ヤーマウスの自宅にパーティーから帰る途中、自宅付近の道路の真ん中に1匹の動物がぴくりとも動かず横たわっていることに気がつきました。ミーナは嫌な予感がしました。というのも、その色合いに見覚えがあったからです。案の定、ウィリアムが車から降りてよく見ると、それは飼い猫のストリーキーでした。その晩、車にひき殺されたのは明らかです。

ストリーキーの死は、ウィリアムとミーナにとって特に打撃でした。ストリーキーは最近4匹の子猫を生んだばかりで、その子たちが今や母なし子になってしまったからです。ストリーキーの実の母である、ホッピーという褐色の猫がいなくなって1ヵ月以上姿が見えないことも、いまだに心配の種です。母と娘は運命をともにしたのでしょうか？

翌日の朝早く、ウィリアムはストリーキーの生んだ子猫たちをどうしたものかと考えながら、子猫たちがいる地下室に降りていきました。手放すしかないのだろうか、それとも？

ふと地下室の窓を見ると、見慣れた姿が目に飛び込んできました。ストリーキーの母、ホッピーです。ホッピーは

どういうわけか
猫のホッピーには、
自分の娘が
死んだときがわかり、
娘の遺した子猫たちが
彼女しか与えられない
助けを必要としている
ということもわかった。

夫妻の心配をよそに、健在だったわけです。ホッピーが地下室に入ろうとしているので、ウィリアムはすぐにその窓から入れてやりました。たちまちホッピーは、お腹を空かせた子猫たち、すなわち自分の孫に当たる子猫たちのもとにまっしぐらに向かいました。それで、ホッピーも最近子猫を生んでいるということがわかりました。つまり、この子猫たちにも同様に授乳できるということです。ホッピーなら自分の子のほかにストリーキーの生んだ子猫たちの面倒も見ることができる。それは完璧な解決策のようでした。

息を切らせて追跡

しかし、ウィリアムとミーナがホッとしたのもつかの間、またホッピーが姿を消したのです。どこへ行ってしまったのだろう？　ウィリアムはホッピーのあとを追うことにしました。森や低木地を抜け、息を切らせて追跡した結果、ウィリアムはついにホッピーの行き先を突き止めました。ホッピーが入っていったのは、マイルズ一家の自宅から1.6kmほど離れたところにある家の横の物置小屋でした。この家はニクソン一家の所有にかかるもので、ウィリアムがホッピーと呼んでいる猫について、一家が聞かせてくれた話によると――その猫は5月頃やって来て、1ヵ月後に5匹の子猫を生んだといいます。猫たちがいたのは物置小屋で、献身的な母親であるホッピーは、子猫たちをおいてどこかに行くことはほとんどありませんでした。つまり、昨夜までは、という話ですが。昨夜は、ホッピーは外に出してほしいのか、ニャーニャー鳴いたり叫んだりして様子が変だったのです。その翌朝早く、ニクソン一家はホッピーの哀れっぽい鳴き声にたまりかねて、とうとうドアを開けてやりました。するとホッピーは、子猫たちの鳴き声にも耳を貸さず、遠くに走り去ってしまったのでした。それが今、必死に追跡するウィリアム・マイルズとともに戻ってきたというわけです。

その不思議な話の全容が、今やどちらの家族にもはっきりしてきました。ホッピーの様子がおかしくなり始めたのはその晩9時頃で、それはだいたいストリーキーがひき殺されたとマイルズ一家が推測する時間でした。ホッピーは自分の娘が死んだことを感じ、そしてもし自分が助けに行かなければ、娘の遺した子猫たちがどうすることもできないことも感じたのではないでしょうか。それにしても、ホッピーは1.6km離れたところで起きた娘の死をどうして知ったのでしょう？　それは誰にも想像がつきません。とはいえ、ホッピーの行動のおかげで、その娘の遺した子猫たちは幸せな生活を送る機会を与えられたのでした。

コッキー・ロバーツの最後の呼びかけ

イグナツィ・パデレフスキー(1860-1941)はたぐいまれな人物でした。祖国ポーランドにおける傑出した政治家で、熟達した作曲家、すぐれた演説者であり、とりわけすばらしいピアニストでした。彼の人気は、絶賛されたコンサートを何度も行った米国で顕著でした。1932年には、フランクリン・F・ルーズベルト大統領までが、「現代における不朽の名声の持ち主」と評するほどの才能と注目度でした。一方パデレフスキーは、米国を第二の祖国と見なして、純粋に米国を愛していました。

こういうたぐいまれな人物がたぐいまれなペットを飼っていたとしても、驚くには当たりません。そのペットは、コッキー・ロバーツというオウムでした。コッキー・ロバーツは決して遠慮深い、つまりおとなしいタイプのオウムではありませんでした。たとえば、主人がピアノの練習をするときはいつも同席すると言ってききません。もし、何らかの理由で、稽古場から閉め出されたときには、それこそ大騒ぎです。「コッキー・ロバーツだ、入れてくれ！」と叫びながら、その力強いくちばしでドアをたたいたものでした。そうすればたいてい、心やさしいパデレフスキーには効果があったのです。

ひとたびリーハーサル室に入ると、コッキー・ロバーツは、ピアノのペダルの上に座って音楽のリズムに合わせて体を上下させるする癖はあったものの、まずまず静かにしていました。し

かし、練習の最後には、名手である主人の演奏の出来を評価したものでした。通常は、「何とすばらしい」などの賞賛の言葉を叫びましたが、時には「ひどいものだ」と評するときもありました。パデレフスキーの偉いところは、オウムの批評はいつもかなり当たっていると認めていたことです。

親密な絆

この偉大な人物とそのたぐいまれなペットのあいだに育まれた親密な絆のせいで、ピアニストがコンサート・ツアーでオウムを家に残していかなければならない場合、それはどちらにとってもつらいものになりました。

ある米国ツアーの期間中、パデレフスキーはコッキー・ロバーツをスイスの邸宅に残していきました。ニューヨーク市に滞在していたパデレフスキーは、ある晩、彼のペットが出てくる鮮明な夢を見ました。夢の中で、オウムはおなじみのしゃがれ声で彼に呼びかけていました。目が覚めたとき、パデレフスキーは心の中が空っぽになったような虚無感を感じたといいます。とにかく、コッキー・ロバーツが死んだことがわかったのです。スイスのパデレフスキー邸で不幸な事故が起きたという知らせが届いたのは、その10日後でした。オウムはあの凍りつくほど寒いアルプスの国で、うっかり一晩中、外に置いたままにされたのです。翌朝、コッキー・ロバーツは邸宅の外で死んで発見されました。体はがちがちに強ばっていました。ニューヨークでオウムの夢を見たまさにその夜にオウムが死んだということがわかっても、パデレフスキーは驚きませんでした。コッキー・ロバーツはどう考えても最後に主人に別れを告げていたのです。パデレフスキーはのちに述べています。「あの鳥には心がありました」と。

コッキー・ロバーツは命を落としたときにその名ピアニストの夢に謎のうちに現れたように、コッキー・ロバーツと主人の驚くべき絆はその鳥の死後も続いていた。

ジョー・ベンソンが飼い犬
スカイを呼びに戻ったとき
その精神的指導者が数日
に亡くなっていたことは問
ではなかった。彼の魂と飼
犬は地平線に消えていった。

ジョー・ベンソンは、伝統的にグレート・ソールト・レイク砂漠やその周辺に住んでいたゴシュート・インディアンの精神的指導者でした。1950年代のある日のこと、ジョーは痩せ衰えた飼い主のいない子犬を偶然見つけ、引き取ることにしました。衰弱して見える子犬の体に強い生命力が宿っていることを見て取ったジョーは、子犬が元気になるまで時間をかけて看病しました。いつしか、ジョーがスカイと命名したその犬は、健康でたくましいジャーマン・シェパードの成犬になりました。ジョーとスカイはどこに行くのも一緒で、ジョーが年を取って目が悪くなってくると、スカイは主人が転んだりしないように面倒を見ました。まるで老人から受けた昔の親切に恩返しをしているかのようでした。

人の魂が飼い犬を呼びに戻る

やがて、ジョーは自分の死期が近いことを悟り、自分はもうすぐ死ぬだろうと妻メイベルに告げました。家族がジョーのもとに集まって、病院に行くよう説得しました。しかし医師や看護師は、ほとんど手の施しようがないとして、賢明にも、最期のときを自分の土地で安らかに迎えられるようにジョーを退院させました。

再会

1963年の年初に、ジョーはついに他界し、そうした人望厚いコミュニティー・メンバーにふさわしい立派な葬儀が親族や友人たちによって営まれました。そして、公式の追悼行事が終わり、ジョーの魂は去ったとして、客たちは立ち去りました。ジョーの死を悼むのは、メイベルとスカイだけとなりました。

数日後、メイベルがキッチンの窓辺に立っていると、遠くの方から誰かが家に近づいてくるのが見えました。彼女は訪問者のためにコーヒーを用意しようと、キッチンに入りました。そして、再び視線を上げたとき、それが誰であるのかがわかりました。夫のジョーです。ジョーが戸口に立っていました。部族のしきたりに通じているメイベルは、あなたはもう亡くなったのだから生者とは一緒にいられないと、ジョーに根気強く説明しました。彼女の亡夫は同意を示し、ひとつの目的で一時的に戻ってきただけなのだと言いました。「犬を迎えに来たのだ」とだけ説明しました。そのときにはスカイも部屋に入ってきていて、再び姿を現した主人を見て、うれしそうに尻尾を振っていました。ジョーは今度は、スカイの引き綱がほしいと言い、メイベルは注意深く手渡しました。その後、老人は待ちかねている犬に引き綱をつけると、一緒に家を出て行き、小道を通って丘の向こう側に消えました。メイベルはあとを追いかけましたが、彼らの姿はどこにも見当たりませんでした。隣に住む、ジョーとメイベルの娘アルヴィラも、この出来事を目撃しました。彼女も丘の頂上まで行きましたが、父親もスカイも消え失せていました。老人、犬、あるいは引き綱をその後見た者はいません。ジョーと彼が大事にしていた犬スカイは再会を果たし、もう二度と離れることはなくなったのでした。

クッキーの最後の望み

ゴールデン・リトリーバーのクッキー・モンスターは、ローリー・クラーグの人生における特別な犬でした。カナダ・アルバータ州エドモントン出身の公務員ローリーは、愛犬クッキーが生活を目一杯楽しむ、自由な精神の持ち主であるということを理解していました。にぎやかで、愉快で、熱狂が尽きることがないクッキーは、家にいてくれるだけで喜びでした。ローリーがさらに2匹の犬、エコーとゾーイを迎え入れると、クッキーはその面倒を見て、家を案内して回り、2匹が家庭生活にうまくなじめるように配慮してくれました。クッキーは獣医師のもとに行くことさえ、厭いませんでした。それどころか、楽しんでいるようにすら見えました。それはかえって好都合でした。というのも、活発で好奇心が強いクッキーは、時々ちょっとしたトラブルに陥ることがあったからです。たとえば、ハチ刺されとか。しかし、だいたいクッキーは健康に恵まれていました。老いが容赦なく襲いかかるまでは。

1998年のクリスマス中、何か非常に深刻な問題があることにローリーは気づきました。クッキーはいつものようにプレゼントを破って開けず、特別なクリスマスのごちそうにもほとんど手をつけなかったからです。獣医師のもとを訪れ、最悪の事態が確認されました。クッキーは脾臓にがんができて、それが今度は内出血を引き起こしていたのです。残念ながら、手の施しようがありませんでした。そんなわけで、最後にもう一度だ

エネルギッシュなリトリーバーのクッキーは、死後、遺灰として記憶されることを嫌い、飼い主が記念に撮った写真の一部を写らないようにした。

け、両親や犬の友達ゾーイとエコーにお別れをするために、ローリーはクッキーを家に連れて帰りました。その後、非常に愛されたゴールデン・リトリーバーは獣医師のもとに戻されて、安楽死の処置がとられました。

夢のメッセージ

他の2匹の犬の存在は大きな慰めでしたが、数日のあいだ、ローリーは悲しみに打ちひしがれていて何も手につきませんでした。その後、クッキーの死から1週間ほどして、ローリーは獣医師のオフィスに愛犬の遺灰をもらいに行きました。それは骨壷に収められていました。できるだけいろいろな形でクッキーを記憶にとどめておこうと、ローリーは家族や友人から手向けられた花に囲まれた骨壷の写真を6枚撮りました。そうすれば、愛するクッキーの思い出のよすがになるのではないかと思ったのです。

しかしその夜、クッキーが夢に現れて、ローリーに言ったのです。骨壷の灰としてではなく、生き生きと生命力にあふれていた頃の自分を覚えていてほしいと。昼間のことがあったあとだけに、その夢は奇妙でしたが、ローリーはどこまで真剣に受け止めたらよいのかわかりませんでした。

数週間後、ローリーの母が最後の骨壷写真を含んだフィルムを現像に出しました。母はローリーに、写真はみんなよく撮れていた――少なくとも写っていたものは、と言いました。自分で写真を調べたローリーは、母の言葉の意味がわかりました。最後に獣医師のもとに連れて行く直前に撮ったクッキーの写真はよく撮れていました。あとで撮ったゾーイとエコーの数枚の写真も同様です。しかし、骨壷に入ったクッキーの遺灰の写真は6枚とも写っていませんでした。1枚もです。他の写真とまったく同じように撮ったというのに。何が悪かったのだろう?　そのとき、ローリーはあの夢を思い出しました。クッキーがこんなふうに記憶してほしいと、自分の思うようにしたのだろうか?　ローリーの言う通り、「とにかく、なぜこんなことが起こったのかはわかりませんが、私はクッキーがその写真をどうにかしたのだと思います。不気味だなんて、とんでもない。とても感動的でした。クッキーは本当に特別な犬だったのです」。

ハーバート・J・レバンは1984年に獣医学部を卒業し、ボランティアとして平和部隊に入隊しました。この米国人青年の前途には、困難な仕事が待ち受けていました。彼はアフリカの内陸国マラウイに配属されて、チョロ地区の地区獣医官の仕事を与えられました。これは、移動手段は小型オートバイ1台だけで、何百kmにもわたるチョロ地区・ムランジ地区の南部エリアをカバーしなければなりません。この若き獣医師の仕事は、その地区の動物を扱う専門家20数人を監督すること、そしてその地に暮らす多くの畜牛、羊、その他家畜の健康に関する全責任を負うこと。しかし、利用できる薬のほとんどが有効期限切れというありさまでした。それでも、彼はこの配属からもたらされた難題の数々に喜んで取り組んでいました。

ハーバートが仕事を始めて1ヵ月ほど経ったあるとき、年老いた男がオフィスに訪ねてきました。ドクター・ムジンバと名乗るその男は、呪術医でした。

ドクトーラと彼の恩に報いた犬たち

つまり、ヒーラー、賢人、精神的指導者といった人物です。老人はバスと徒歩で、彼の住む村から1日がかりでやって来たのでした。そして、一緒に6匹の重病の子犬を連れてきてい

ハーバート・J・レバンは2匹の子犬を病気から救って、2匹の強い犬の庇護を得た。

ました。ドクター・ムジンバの説明によると——この子犬たちを手厚く看護してきたのは、将来このうちの何匹かがすごいことをすると思われるからだ。しかし、彼の治癒能力（ヒーリング・パワー）の効果は人に限定されていて、動物には効かない。そこで、若い獣医師なら救えるのではないかと考えた、というのです。ハーバートは、やってみましょうと承諾しました。ただ、この子犬たちには24時間看護が必要で、自分に預けてもらわなければならないが、と事前の了解を求めました。ドクター・ムジンバは同意して、村まで8時間の道のりを帰って行きました。

ドクトーラの庇護者

6匹の子犬はひどい状態で、どの子犬も助かる見込みが薄いことがわかりました。ハーバートは抗生物質と自家製の電解質溶液を用いましたが、ほとんど効果が見られませんでした。1匹、また1匹と、小さな子犬は病に屈していき、6日後には2匹を残すのみとなりました。その夜ハーバートは、残った子犬も朝まで持たないだろうと思いながら、床につきました。しかし、驚いたことに、そしてうれしいことに、その2匹は翌朝生きていただけでなく、空腹の様子も見せたのです。まもなく、通常の食事を取るようになってからは、痛々しいほど痩せていた子犬たちも肉がつき始め、立派な若犬になりました。2匹はどちらも個性的な模様でしたが（1匹は、黒色で、脚が4本とも白く、額に星形の白い印があり、もう1匹は、大部分が茶色で、顔面に白斑がある）、2匹とも顕著なリッジバック（被毛が毛流と反対方向に生えてできる背骨に沿った隆起）がありました。

2週間後に再訪したドクター・ムジンバは、2匹の子犬が生き残っただけでなく、すくすくと育っているのを見て感激し、犬たちを連れて帰る前に、ハーバートに2匹の犬の命名権を与えました。獣医師は、黒い子犬にボーゾー、もう1匹の子犬にスキッピーを選びました。どちらも、自分が子どもの頃に飼っていた犬の名前です。ドクター・ムジンバは、この2匹の子犬はハーバートの親切を決して忘れないだろう、そしていつの日かきっとその恩に報いるだろう、と言いました。

それから18ヵ月にわたって、獣医師は

2匹の犬を定期的に診察しました。1ヵ月かそこらに一度はオートバイで受け持ち地区を回っていたので、たいていドクター・ムジンバの住む村に立ち寄っていたのです。大きくたくましく成長した2匹の犬は、いつも大喜びで彼を迎えました。時にはハーバートの治療が必要なこともありました。呪術医の説明によると、2匹は村で最も大きく、最も気性の荒い犬で、獲物を求めて徘徊するハイエナやジャッカルから村人の家畜を守っている、ということでした。そうした荒々しい対決では、負傷は避けられません。

ひとつ忘れられない出来事は、ボーゾーとスキッピーが村の家畜を餌食にしていたヒョウを殺したときのことです。その闘いで2匹の犬は瀕死の重傷を負ったので、ハーバートは傷を縫って抗生物質を投与せざるを得ませんでした。ドクター・ムジンバは感謝して、2匹の犬たちの命を救ってくれたのはこれで二度目になると言い、彼がいつもドクトーラと呼んでいる米国青年にこう告げました。「今このときから、ドクトーラ、この犬たちはきみの守り神となるだろう。私が言うのだから間違いない」

数ヵ月が過ぎ、ハーバートは定期巡回中に、気がつくとまたその村に向かっていました。このときは雨期で、雨が降ってぬかるんだ道は小型オートバイにとって危険でした。何度も、ハーバートはぬかるみで滑って転倒しました。やがて、村からさほど遠からぬところまで来たとき、ヘッドライトの光が進路前方に紛れもないハイエナの姿を照らし出しました。普通なら、ハイエナはこういう状況では尻尾を巻いて逃げるところですが、このハイエナは暗闇の中でそんな動きを一切見せません。そのとき、ハーバートにはその理由がわかりました。うつろなまなざしと口からしたたる血液と唾液から明らかなように、そのハイエナは狂犬病でした。

恩返し

ハーバートは、大変なことになったのがわかりました。これだけ泥が深く、重くては、オートバイで逃げ去ることは不可能と言ってもいいでしょう。それに道幅が狭す

ぎて、方向転換もままなりません。ハイエナが口を開け、恐ろしげな、あざ笑うような声を立てて、威嚇するように近づいてくると、獣医師は、これは逃げるしかないと心を決め、狂犬病のハイエナの攻撃がオートバイの方に向かってくれることを願いました。ハーバートが命がけの突破を図ろうとしたちょうどそのとき、2匹の大きな動物が彼の両サイドにそれぞれ現れました。ボーゾーとスキッピーです。健康そのものに見える2匹は、ハイエナに敢然と立ち向かっていきました。長く、血みどろの闘いでしたが、終わったときには、ハイエナが死んで地面に横たわっていました。仕事は終えたと、犬たちは姿を消しました。

ハーバートは全速力で村に駆けつけ、ドクター・ムジンバの家を探しました。狂犬病にかかった動物に噛まれたのだから、あの犬たちが発症するのは確実で、緊急の処置が必要です。ボーゾーとスキッピーはたった今、命を救ってくれた。今度は自分が犬たちの命を救う番だ。ハーバートは老人の小屋に着くと、取り急ぎ事の次第を説明しました。ドクター・ムジンバはほとんど反応を示さず、ついきてほしいと獣医師に頼みました。「犬たちをお見せしよう」と、呪術医は小屋の裏手に回り、2つの墓を指し示しました。ボーゾーとスキッピーの墓だと、彼は説明しました。数日前、犬たちは村の家畜を脅かしていたハイエナの群れを撃退しました。勝利はしたものの、自身のひどい犠牲を伴いました。そのケガがもとで、ほどなく命を落としたのです。

動揺し、頭が混乱したハーバートは、たった今ボーゾーとスキッピーの姿を見たばかりで、あの2匹が狂犬病にかかったハイエナから自分を救ってくれたのだと、言い張りました。あの2匹の犬は非常に特徴的だから、見間違うことなどあり得ないと。ドクター・ムジンバはハーバートの隣に腰を下ろし、ドクトーラの話を信じると言って、彼を元気づけました。「いつの日か、あの犬たちが恩に報いる日が来ると言ったはずだ」と老人は言いました。「あの犬たちはいつもきみを守ってくれるだろう」。

5章

未来が見える

ペットが見せる驚くべき才能の中で、最も不思議な資質がひとつあります。それは未来を見抜く能力です。自然災害を予言するのであれ、悲惨な事故を予知するのであれ、あるいは単純に野球の試合結果を予想するのであれ、ペットには先のことを知る霊感があるように思えます。動物を利用して、いつ大地震が起こるのかを知ろうとする文化もあるほどです。もしかすると私たちはみんな、ペットの先見力を良識を持って尊重することを学ぶべきなのかもしれません。

現代における最も驚くべき犬の1匹は、間違いなくボストン・テリアのミッシーです。1960年代に、ミッシーはその豊富な知識と人々の詳細を知る驚くべき能力のために、ちょっとした名士になりました。また、ミッシーは未来を予測することもできました。

長く、しかもものすごく興味深い生涯を送ることになったミッシーですが、実際は、とにかく生きていたこと自体が幸運だったのです。ミッシーの母は3匹の子犬を生むと、激痛に見舞われました。そのため手術せざるを得なくなり、胸郭に挟まったミッシーの小さな体が発見されたというわけです。こうして生まれたテリア犬は、米国コロラド州デンバー出身のミルドレッド・プロバートに託されました。引退したフラワー・デザイナーであるミルドレッドは、出生時の苦難に耐えた動物の面倒をよく見ていました。彼女はすぐに、2つの身体的特徴を持つ（ボストン・テリアであることを考慮に入れても非常に小さい。非常

ミッシー
透視能力のあるボストン・テリア

ミッシーの予言をいくつか挙げると、大統領選挙の結果、月面着陸の日、将来誕生する赤ん坊の性別などがあった。

に印象的なコバルト・ブルーの目をしている）ミッシーと絆を結びました。

ミッシーは飼い犬としてごく普通の生活を送り、その変わった才能が発見されたのは5歳近くになってからでした。ミルドレッドが3歳の男の子の母親である女性に話しかけ、その女性が息子に年齢を言わせようとしていました。「3つでしょ、3つだと言いなさい」と、女性はやさしく促しました。しかし、男の子の代わりに答えたのは、3回吠えたミッシーでした。ミルドレッドは面白がって、ミッシーは何歳かと犬に尋ねました——すると、ミッシーは4回吠えました。犬を引っかけようとしたのか、ミルドレッドは次に、ミッシーに来週には何歳になるのかと尋ねました。ミッシーは今度は5回吠えました。確かに、ミッシーの誕生日は翌週でした。

予言の数々

ミッシーに関して、これはまだ序の口でした。飼い犬の才能を開発し始めたミルドレッドは、その小さなテリア犬が字を綴ることもできれば、計算をすることもできるのを発見しました。たとえば、あるとき、独自のアルファベット・コードを使って、ミッシーは2つの単語“marry”と“merry”の綴りの違いを吠えて示しました。それだけではありません。ミッシーはミルドレッドやそこに居合わせた人が知らないこともわかるようでした。たとえば、ある人がカバンの中に何個のコイン、あるいは鍵を持っているかを正確に予測することができました。多くの場合、当の本人さえ答えを知らないのに、あとで調べると、ミッシーがいつも正しかったのです。またあるときには、社会保障番号を吠えて示し、ある新聞記者を困惑させたこともあります。それは記者本人さえ覚えておらず、ミルドレッドも知りようがなかった番号です。うたぐり深い地元医師がミッシーの能力をあまり信用できないと疑義を唱えると、ミッシーは彼の非公開の自宅電話番号を吠えて当てることで応えました。医師は、その番号は非公開なので、自分以外に誰も知らないはずだということを認めました。

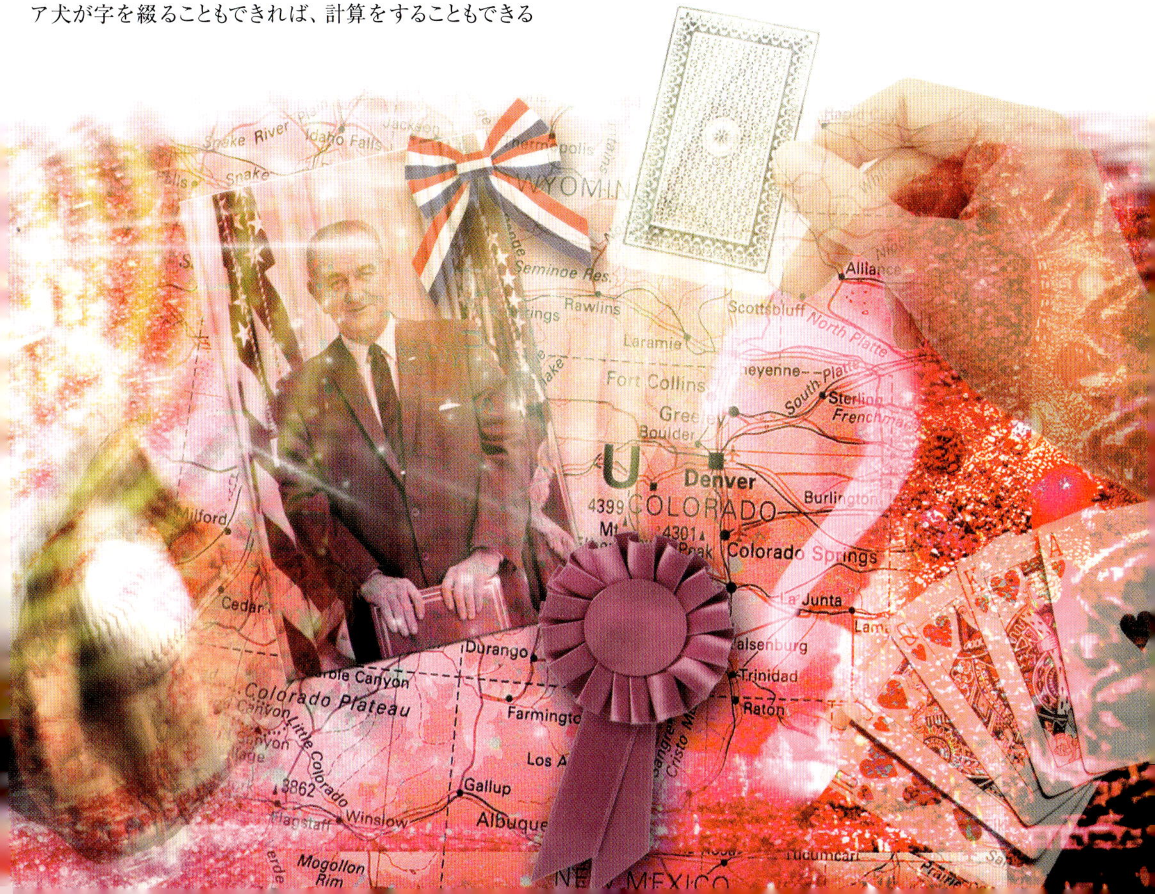

パーティーの場で、ある女性が1組のトランプから1枚ずつカードを掲げて、ミッシーの力を試すことにしました。どのカードを持っているかを知っているのはその女性だけです。ミッシーや他の客はカードの裏しか見えません。1枚ずつ、ミッシーがどのカードが掲げられているかを吠えて答え、1枚ずつ、その女性がカードを表返して、ミッシーが正しいことを証明しました。何と、ミッシーはそれまでトランプというものを見たことさえなかったのです。

しかし、このテリアが持っていた最も驚くべき才能は、未来がわかる能力でした。その始まりは1964年で、ミッシーは米国大統領選挙でリンドン・ジョンソンがバリー・ゴールドウォーターを破ると予言し、結果はその通りになりました。ミッシーは続けて、リチャード・ニクソンがいつか米国大統領になると予言し、これも現実になりました。ただし、ミッシーの死後です。ミッシーは驚くべき正確さで、大きなものも小さなものも、ありとあらゆる種類の選挙の予言を続けました。

しかし、ミッシーの予言は政治だけに限られていたわけではありません。月面着陸、1966年のニューヨーク市交通局のストライキ終結日、デンバー周辺で起きた群発地震の結果さえも予言したのです。その同じ年、米国野球ワールドシリーズの結果も、正確なスコアも含めて——9ヵ月前に——予言しました。また、主要なフットボールの試合結果も予言しました。その頃の他の予言としては、パリ和平交渉の再開日とその結果などがありました。

もっと個人的なレベルでは、ミッシーは赤ん坊の誕生を予言することができました。しかも、その性別を正確に予想するだけでなく、正確な体重と正確な誕生時刻も予想することができました。こうした予言は、その当時の医師の予想と食い違うことがよくありました。

また、ミッシーには正確な時間がわかる能力が備わっていました。ミルドレッドが時間を尋ねると、ミッシーはいつも正しい時間を答えました。その部屋に時計があるかどうかは関係ありませんでした。ミッシー用に針を動かして正しい時間を示せる小さな時計を作ってくれる友人まで出てくる始末でしたが、面白いことに、ミッシーはその時計の針をいつも時計回りに動かし、反時計回りには決して動かしませんでした。

最後の予言

こうした才能に加えて、ミッシーには犬として――風変わりですが――もう少し俗な特質もありました。犬は色覚が発達していないにもかかわらず、ミッシーはピンクという色が大好きで、特にピンクのチョコレートがお気に入りでした。寝るときは、ピンクのパジャマを着ていました。また、ミッシーはどんなものもあるべき場所に置いておきたがりました。だから、もし誰かがお気に入りのおもちゃ(特に最愛の小さな犬のぬいぐるみや家具)を動かしたりすると、ひどく腹を立てました。同様に、ミッシーは食べ物にも非常にうるさい犬で、手で食べ物を与えてほしいとせがみ、犬用食器から食べることを嫌がりました。そういうわけで、ミッシーは生涯を通じて、他の犬たちとはまったく肌が合いませんでした。

あるとき、ミルドレッドの意に反して、ミッシーはある男性の死を予言することを求められました。キンケイド氏というその男性は胃がんで、医師の見立てでは余命数ヵ月ということでした。ミッシーは、彼の余命はまだ2年あり、死亡日は1967年4月4日と予言しました。キンケイド氏はその通りに亡くなりましたが、がんで亡くなったわけではありませんでした。銃の暴発が原因でした。

そして1966年5月のある日、ミッシーは自らの死を予言しました。そんな時刻ではなかったにもかかわらず、ミッシーはミルドレッドに8という数字を吠えて示し続けました。ミルドレッドが、正しい時間は何時かと尋ねると、ミッシーは正しい時間を答えるのですが、また8回吠えるのです。これが5、6回は続きました。その夜遅く、ミッシーは食べ物のかけらを喉に詰まらせて、息を引き取りました。ちょうど午後8時のことでした。それからしばらくして、ミルドレッドはミッシーが友人からもらった小さなおもちゃの時計に目を留めました。時計の針は8時を指していました。

ミッシーの遺体は裏庭に埋葬され、大好きなピンクの花、ペチュニアが墓の上に植えられました。驚いたことに、その花は雪が降ったり氷が張ったりしたにもかかわらず、冬中咲き続けました。驚くべき生涯を飾る、驚くべき最後でした。

レジーは主人の漁に同行するのが好きだった。しかし、このときは迫り来る危険を敏感に察知して、船に乗ることを拒み、結果的に主人と自分の命を救った。

動物は人間より先に、いつ悪天候や自然災害が襲ってくるかがわかるのが普通のようです。たとえば、1976年、北京の英国大使館で、リサというゴールデン・リトリーバーが吠え始めました。その吠え声で、いつもリサの面倒を見ているリチャード・マーゴリス二等書記官が目を覚ましました。犬は何か異常を察知したのだと確信したマーゴリスは、他の大使館員を起こし、建物から避難しました。その直後に、大規模な地震が北京近郊を襲ったのでした。

米国カンザス州で、ある猫が納屋で子猫を生みましたが、数日後にはどういうわけか子猫を、1匹ずつ、隣の農場に苦労して移動させ始めました。猫が移動を終えたとき、その納屋は竜巻でぺちゃんこになりましたが、隣家の農場は無傷でした。

また別の驚くべき気象予測が、レジーというレッド・セッターによってなされました。レジーは、ニュー・イングランドの漁師ウィリアム・H・モンゴメリーに飼われている、意志の強い、冒険好きな犬でした。レジーは主人とともに出漁し、海風を顔に受け、脚の下に海の動きを感じるのが、何よりも好きでした。

レジー 漁の大惨事を予言する

ハリケーン警告

ある日、ウィリアムはカレイ漁への出漁を決めました。出漁に備えて船を準備し、天気がどうか空模様を観察しましたが、雲ひとつなく、海の静けさを乱すような風もほとんどありませんでした。また、人気のあるカレイ漁場に向かって、もうすでに出漁していく他船も見られました。この絶好の漁日和を逃したくなければ、迅速に行動しなければなりません。

はやる気持ちを抑えきれず、船の準備を整えたウィリアムは、一緒に出漁するために口笛でレジーを呼びました。いつもなら、この合図でレジーはすぐに船に飛び乗るので、ウィリアムはほとんど犬を気にかけることはありません。ところが、このときのレジーは違っていました。桟橋で吠え立てるばかりで、船に乗ろうとしなかったのです。ウィリアムはもう一度口笛を吹いて、命令の言葉も発しましたが、レジーは頑として動こうとはしませんでした。ウィリアムは悩みました。漁に出たいのは山々ですが、レジーとはその第六感を十分尊重するほどの長いつきあいです。ウィリアムはもう一度空を眺めました。まさかとは思うが、この犬は天気について人の知らない何かを知っているのではなかろうか？　結局、ウィリアムは安全第一で行くことにして、出漁を取りやめました。

そして生涯、ウィリアムはレジーの警告を受け入れてよかったと思うことになるのです。彼の出漁予定時刻から1時間もしないうちに、予期せぬ嵐が海から襲い、通ったあとに徹底的な破壊をもたらしたからです。それはロング・アイランド・エクスプレスという1938年のハリケーンで、約600人の命が奪われ、2,500隻以上の船舶、9,000棟近い家屋が破壊されました。風速は54mを上回り、最大瞬間風速は83m。レジーのおかげで、ウィリアム・モンゴメリーは海でこの恐ろしいハリケーンの直撃に遭わずにすんだのでした。

クリスの驚くべき予言

どんな基準から見ても、クリスは並外れて才能のある犬でした。ビーグルの血が混じった雑種犬のクリスは活発な（異常なほど活発な）犬で、1950年代に米国ロード・アイランド州でジョージとマリオンのウッズ夫妻とともに暮らしていました。クリスは2歳頃にウッズ家にもらわれてきて、夫妻はこのかわいいけれど、かなり衝動的な犬を落ち着かせようと最善を尽くしました。5歳頃までは、クリスは同じような境遇の犬が送る普通の日常生活を送っていました。

しかし、ある日、すべてが変わったのです。ある犬連れの客が訪れ、その犬はとても頭がよさそうで、自分の名前のスペリングを教えたり、10まで数えることができました。マリオン・ウッズは冗談で、クリスに向かって、2たす2はいくつかと尋ねました。するとクリスは、みんなが驚いたことに、前脚で軽く4回マリオンの腕に触れたのです。やがて、それまで隠されていたクリスの才能が明らかになりました。クリスは簡単な計算をすることができました。そして、アルファベットを学び、こんなふうに、人とコミュニケーションをとり始めました。たとえば、クリスは猫についての自分の考えをアルファベットで綴りました。彼は猫を「d-u-m-b（バカ）」と考えていました。また自分が嫌いな犬についても、同様の考えを示しました。さらに、クリスは「イエス」と「ノー」で答えることもできました。そして、自分がきかん坊だったかどうかということを認めさえしました。

クリスは多くの才能に恵まれたために、知り合いのあいだでちょっとした有名犬になった。メディアさえもこの驚くべき犬に注目した。

有名犬

このペットのパフォーマンスは友人や家族を一様に驚かせ、まもなくメディアの注目を集めるようになりました。1950年代、クリスはちょっとした有名犬になり、そのパフォーマンスでテレビに出たり、動物のための慈善事業の資金集めをしたりしました。計算やスペリングの

技能、人の心を「読む」能力など、クリスの能力は科学者によって検証もされました。心を読むテストは、科学者がさまざまな図柄のカードを見て、科学者が見ていると思った図柄を、クリスが指し示す形で行われました。その結果、クリスは人が何を考えているのかがわかる超自然な能力を持っていることが判明しました。

おそらく、クリスが示した最も驚くべき才能は未来を予言する能力でしょう。ある日、隣人がクリスに、どの馬が翌日行われるレースで勝つかを尋ねました。クリスは勝つと思う馬を従順に示し、その女性はその名前を書き留めて、その馬に賭けました。彼女が喜んだことに、その馬が勝ちました。犬の競馬予想はたちまち大人気となりました。

未来がわかるこの才能は、もっと心痛む側面も持ち合わせていました。クリスはしばらく心臓疾患を患っていたのですが、1950年代後半には、もうあまりよい健康状態とは言えませんでした。自分が死ぬときを予言するように求められても、クリスは躊躇せず答えました。クリスが示した日付は、1962年6月10日。実際には、これは1日違いではずれることになるのでした。この聡明で愛すべき犬は1962年6月9日に息を引き取り、そのたぐいまれなる生涯を終えたのでした。

ペットがまもなく起ころうとしていることを警告しているような場合は、用心した方がよいかもしれません。ヨーゼフ・ベッカーの場合は確かにそうでした。ヨーゼフは静かにお酒でも飲もうと、フランス国境にほど近いドイツの魅力的な街ザールルイで、近所のパブに出かけました。飼い犬のシェパード、ストルリーも連れて行ったのですが、この犬がまったく落ち着きません。その店にはそれまで何度も入ったことがあるにもかかわらず、ストルリーはクンクン鳴いたり、吠え立てたりして、ヨーゼフを外に引っ張り出そうとするのです。ヨーゼフはストルリーを外に出そうとしましたが、また店内に舞い戻ってきて、ストルリーらしくない行動を取り続けました。店にいても落ち着いて飲んでいられないので、ヨーゼフは仕方なく犬を連れてパブを出ると、家に帰りました。数分後、その建物は倒壊し、9名の死者を出しました。結局は飼い犬の警告に従ったことで、おそらくヨーゼフは命拾いしたのです。

エアデール・テリアの悲劇感知能力

しかし、誰もがこのヨーゼフとストルリーの例ほど幸運なわけではありません。これは、第一次世界大戦中、イングランド東海岸都市ハリッジに駐留していた、ある英国

その若い海軍将校は、乗船時、飼い犬のいつにない行動に取り合わなかった。その危険な任務は、残念ながら彼の最後の任務となるのだった。

海軍将校の話です。彼は、妻と飼い犬のエアデール・テリアとともにその地で暮らしていました。残念ながら、彼らの名前は記録に残っていません。当時、その若い大尉は掃海艇勤務でした。掃海艇の仕事は、英国沿岸の大洋航路にドイツ軍が敷設した機雷の掃海です。それは危険だが極めて重要な仕事で、ストイックな青年将校はその危険な任務を難なくこなしていました。

危険な任務

出航前に、将校の妻とエアデール・テリアはたいてい波止場まで見送りに行っていました。これから任務で出発するというときに、愛する女性と忠犬の両方の姿を見ることは、将校にとって心の慰めでした。しかし、ある日、エアデール・テリアは様子がひどく変でした。朝からずっと、興奮して普通でない様子でしたが、波止場に着くと、その行動はさらにおかしくなりました。犬は将校が軽くたたいて別れを告げようとするのを嫌がり、将校のズボンを噛んで放しませんでした。何分間かそうやって、犬は主人の制服のどこかをとらえて主人を船から引き離そうと試みました。けれども、その将校は冷静な何事にも動じないタイプだったので、犬の不可解な行動を軽くあしらっただけでした。それに、彼には果たすべき任務がありました。そういうわけで、妻に別れのキスをした大尉は船に乗り込み、前途に待ち受ける仕事に備えたのです。

その日の夜、エアデール・テリアが突然悲しげな声を上げ始めました。それはしばらく続きました。あとになって将校の妻が聞いたところでは、その夜、船が海で消息を絶ち、乗組員全員が死亡したとのことでした。エアデール・テリアが吠え始めた頃に、船が沈没したものと推定されます。犬は主人の悲劇的な運命を予知したものの、その死を阻止することができませんでした。そうなった犬には、主人の死を悼むよりほかなかったのです。

スキッパー
宝くじで大当たり

猫はゲーム好きのようです。シンシナティの猫、ウィーリーの不思議な話を例に取りましょう。ウィーリーの場合は、ビンゴが大好きだったようです。たいていの猫と同様、ウィーリーは普通は時間にかなり無頓着でしたが、月曜日の夜は違いました。毎週月曜日の午後7時30分になると、この猫は家を出て、町を横切り、いつも同じ病院に向かいました。いざ病院に着くと、午後7時45分きっかりに、看護師専用食堂の窓枠に座って、女性陣がビンゴを始めるのを見物しました。そして、午後9時45分にゲームが終わると、静かにまた家路につきました。ビンゴ会場で食べ物をもらえるわけでもなければ、他の猫に会えるわけでもないのに、なぜウィーリーは出かけて行ったのでしょう？　しかし何よりも不思議なのは、ウィーリーにはどうしてそれが月曜日だとわかったのか、どうして午後7時30分だとわかったのか、ということです。

くじ運

スキッパーという猫もゲームに関与するようになりましたが、スキッパーの場合は、飼い主の方が利益を得る結果になりました。スキッパーは、メキシコ湾岸にある米国テキサス州の歴史ある街ガルベストンに住む、リンダとゲイルのマクマナモン夫妻の飼い猫でした。

スキッパーは昔からとても好ましい猫で、家族の人気者でした。しかし、ごく普通の平凡な猫だったと言ってもよいでしょう。ただし、それは1996年の運命の夜までの話です。その夜、ゲイルとリンダは忙しい1日の仕事を終えて、テレビの前でくつろいでいました。小さな

飼い猫もその部屋にいて、猫のご多分に漏れず、床の上でごろごろ遊んでいました。このときは家にあったロッテリー・シェイカーで遊んでいました（これは、他の方法を考えつかないときに、抽選番号を選ぶのに使う単純な作りの小さな道具です）。リンダとゲイルは猫にほとんど注意を払っていませんでしたが、ゲイルがスキッパーのしていることにふと目を向けました。スキッパーが6つの抽選番号を選んだらしいということに彼が気づいたのは、そのときでした。リンダもゲイルも、シェイカーの使用の有無にかかわらず、くじ運はあまりよくありませんでした。ところが今、飼い猫が組み合わせ案を持ちかけているではありませんか。ひょっとすると、これはやってみる価値があるのでは？　そう考えたゲイルはその数字を書き留めました。駄目でもともとじゃないか。翌朝、リンダが週に一度夫婦で買っている宝くじをいつものように買いに出かけましたが、このときはスキッパーが選んだ特別な数字の組み合わせという武器を携えていました。翌日、仕事に出かけたリンダは、昨夜の宝くじの当選者はガルベストンから出た、という話を同僚から聞きました。リンダの胸が高鳴りました。もしかして？　リンダがゲイルに電話をかけると、ゲイルも事の次第に気づいたところでした。前夜、スキッパーが選んだ6つの数字がすべて引き当てられたのです。信じがたいことですが、小さな飼い猫のおかげでリンダとゲイルは370万ドルを得ることができたのでした。

スキッパーはマクマナモン夫妻のロッテリー・シェイカーを手に入れると、夫妻に彼らの人生を永久に変えることになる数字の組み合わせを伝えた。

索引

参考文献

Bardens, Dennis. *Psychic Animals*. London: Sphere Books, 1989.

Gaddis, V. and M. *The Strange World of Animals and Pets*. New York: Cowles Book Company, 1970.

Schul, Bill. *The Psychic Power of Animals*. London: Coronet Books, 1978.

Sheldrake, Rupert. *Dogs That Know When Their Owners Are Coming Home*. London: Arrow Books, 1999.

Steiger, Brad and Sherry Jansen. *Dog Miracles*. Massachusetts: Adams Media Corporation, 2001.

Sutton, John. *Psychic Pets – Supernatural True Stories of Paranormal Pets*. London: Bloomsbury, 1997.

Trapman, Captain A. H. *The Dog, Man's Best Friend*.
London: Hutchinson & Co., 1929.

von Kreisler, Kristen. *Beauty in the Beasts*. New York: Tarcher/Putnam, 2002.

Wylder, Joseph. *Psychic Pets – The Secret World of Animals*. London: J. M. Dent & Sons, 1980.

ウェブサイト

www.psychics.co.uk/psychicpets/home page.html
(for information on psychic pets)

www.psychicworld.net
(for psychic tests to perform on your pets)

www.sheldrake.org
(for more detailed information on Rupert Sheldrake's experiments with telepathy)

ガイアブックスは
地球《ガイア》の自然環境を守ると同時に
心と体内の自然を保つべく
“ナチュラルライフ”を提唱していきます。

Psychic Pets
サイキックペット

発　　行　2010年6月15日
発 行 者　平野　陽三
発 行 元　**ガイアブックス**
〒169-0074 東京都新宿区北新宿3-14-8
TEL.03(3366)1411　FAX.03(3366)3503
http://www.gaiajapan.co.jp
発 売 元　産調出版株式会社

ISBN978-4-88282-735-1 C0011

Printed in China

著　者：マイケル・ストリーター
(Michael Streeter)
ジャーナリスト。催眠術、植物の名前、スポーツ、天気など、さまざまなテーマの著書を多数発表している。農場で育ったため、ずっと動物たちに囲まれた生活を送り、親密で永遠の絆を結んでいるたくさんのペットと暮らしている。

翻訳者：豊田 成子（とよだ しげこ）
立命館大学文学部卒業。英語教師、法律事務所事務員を経て、翻訳家に。訳書に『フラワーエッセンス』『1001の自然生活術』、共訳書に『ホリスティック 家庭の医学療法』(いずれも産調出版)がある。